电能质量在线监测系统

运维案例

国网浙江省电力有限公司湖州供电公司　组编

中国电力出版社
CHINA ELECTRIC POWER PRESS

内 容 提 要

本书主要收录了75个输变电和供电系统可靠性管理的典型运维案例，分为输变电基础数据篇、输变电运行数据篇、供电基础数据篇、供电运行数据篇和其他问题篇。每篇案例分为问题描述、问题分析和问题处理三部分，分别阐述问题的现象、产生原因和解决办法。

本书采用图文并茂的形式向读者讲解问题案例的解决方案，通俗易懂、深入浅出，案例结构清晰，篇章内容紧凑，可供电力可靠性管理人员、电力系统相关专业从业人员学习参考。

图书在版编目（CIP）数据

电能质量在线监测系统运维案例／国网浙江省电力有限公司湖州供电公司组编．—北京：中国电力出版社，2019.3

ISBN 978-7-5198-0712-2

Ⅰ．①电… Ⅱ．①国… Ⅲ．①电力系统－电能－质量控制－在线监测系统－运营管理－案例 Ⅳ．① TM60 ② TM76

中国版本图书馆 CIP 数据核字（2019）第 039894 号

出版发行：中国电力出版社
地　　址：北京市东城区北京站西街 19 号（邮政编码 100005）
网　　址：http://www.cepp.sgcc.com.cn
责任编辑：刘丽平（010-63412342）
责任校对：黄　蓓　王海南
装帧设计：王红柳
责任印制：石　雷

印　　刷：三河市万龙印装有限公司
版　　次：2019 年 3 月第一版
印　　次：2019 年 3 月北京第一次印刷
开　　本：710 毫米 ×1000 毫米　16 开本
印　　张：7.75
字　　数：111 千字
印　　数：0001—1000 册
定　　价：32.00 元

前言

电网资产管理系统是国家电网公司统一部署的应用系统，该系统集可靠性管理、资产质量监督管理、电网风险评估、数据挖掘、辅助决策、数据综合展示为一体，通过科学的历史数据分析挖掘、准确及时的当前状态评估、务实前瞻的风险评估，为公司资产管理者提供日常资产管理、资产运营的状态评价、决策分析与预测等支撑。

电能质量在线监测系统是电网资产管理系统中的一个子系统，其主要功能是输变电、供电和直流系统可靠性管理与深化应用，其管理模块主要包括输变电基础数据管理、输变电运行数据管理、供电基础数据管理、供电运行数据管理、数据综合查询、数据统计分析等，贯穿可靠性管理的全过程，从基础数据维护到运行事件集成，从月度指标统计到深化应用分析，为可靠性管理者提供可视化的数据支撑和数据决策依据。

电能质量在线监测系统的部署应用贯穿可靠性管理的各层级，上到公司领导，下达基层班组。 分级管理通过不同账号、不同权限来实现，基层维护人员负责基础数据的录入和运行事件的确认，部门和单位管理专职负责数据统计和分析，为公司领导者提供决策依据。

在系统日常维护中，存在基层运维人员对系统功能掌握不到位、数据维护错误等问题。为了提高数据维护质量，更好地发挥系统功用，国网湖州供电公司在全省范围内搜集系统使用反馈情况，整理汇编此案例集，旨在对一线运维人员进行培训和指导，提升系统使用成熟度，减少错误维护情况，为维护人员提供常见问题的解决策略。

本书主要收录了75个输变电和供电系统可靠性管理的典型应用案例，分为输变电基础数据篇、输变电运行数据篇、供电基础数据篇、供电运行数据篇和其他问题篇。每个案例分为问题描述、问题分析和问题处理三部分，分别阐述问题的现象、产生原因和解决办法。本书采用图文并茂的形式向读者讲解问题案例的解决方案，通俗易懂、深入浅出，案例结构清晰，篇章内容紧凑。

本书由国网湖州供电公司承担编制工作，期间得到国网浙江省电力有限公司安全监察部和省内其他地市公司的大力协助，在此一并表示感谢。鉴于编写组人员能力有限，如有不妥之处，望批评指正。

编　者

2018年12月

目录

第一章

输变电基础数据篇

一、电能质量在线监测系统台账与调度系统台账“一对多”操作问题

1. 问题描述

对于输变电多端（T 接）架空、电缆或混合线路，需要在可靠性系统台账和调度系统台账中进行“一对多”操作，否则该线路发生停电时，停电事件集成不完整或无法集成。例如“110kV 黄七 1049 线输电回路”涉及黄芝变、微宏变、七里变 3 个变电站，在调度系统中有 3 条支线台账，而在可靠性系统中只有 1 条“黄七 1049 线输电回路”。

2. 问题分析

对于输变电多端（T 接）线路，如果电能质量在线监测系统与调度系统对应不完整，有支线未进行对应，当此支线停电时，该回路停电事件无法生成，从而造成电能质量在线监测系统停电事件集成不完整。进行“一对多”操作时，由于系统程序问题，各单位在系统内无法自行完成，需提交项目组进行后台处理。

3. 问题处理

电能质量在线监测系统和调度系统进行“一对多”操作，各地市公司无法自行完成，需填报模板反馈给项目组进行后台处理，如图 1－1 所示。

	可靠性（记录ID）	可靠性设备名称	调度D5000(obj_id)	设备名称
一对多模板	44169B29-346F-421A-B67A-77585DA28DBD-59020	黄七1049线	E935D0U7-8P2C-0572_240000757	湖州.110kV.黄七1049线黄芝段
			E935D0U7-8P2C-0572_240000761	湖州.110kV.黄七1049微宏支线
			E935D0U7-8P2C-0572_240000098	湖州.110kV.黄七1049线七里段

图 1－1　反馈给项目组的模板

二、电能质量在线监测系统台账对应模块中无法找到 PMS 或调度系统对应台账

1. 问题描述

输变电新建台账时，在电能质量在线监测系统台账对应模块中无法找到 PMS 或调度系统的匹配台账。

2. 问题分析

电能质量在线监测系统台账需要在 PMS 和调度系统的输变电台账生成后进行同步维护，并在电能质量在线监测系统对应模块中完成对应操作，才能生成正确的关联台账。如果无法在对应模块中找到 PMS 或调度系统的匹配台账，存在以下原因：①PMS 或调度系统的台账录入流程未完成；②电能质量在线监测系统对应模块台账检索设备名称不对应。

3. 问题处理

（1）首先确认 PMS 或调度系统的台账已完成录入，并处于“发布”状态。打开 PMS 系统，查询需对应的台账是否已完成录入，并确认是否处于“发布”状态，如图 1－2 所示。

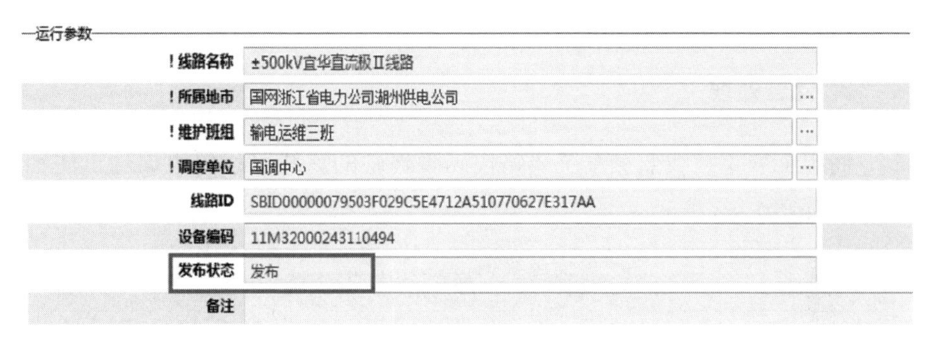

图 1－2　PMS 台账已在“发布”状态

（2）如果 PMS 或调度系统的台账确已完成录入并处于“发布”状态，但通过模糊查询仍然找不到台账，要注意修改变电站名称、设备名称和设备类型等关键检索信息。大部分问题是由于这些信息不对应造成的，如：在电能质量在线监测系统中为“宜华线”，而在 PMS 系统中为“±500kV 宜华线”，修改系统默认的检索信息后可查询到对应的台账。

如果通过上述操作仍无法找到 PMS 或调度系统的台账，则将该设备的设备编码反馈给项目组，对后台数据进行重新集成。

三、输电回路基础数据已注销，而电能质量在线监测系统台账对应模块中仍存在相应未对应数据

1. 问题描述

电能质量在线监测系统的回路数据维护中相应输电回路数据已注销，但电能质量在线监测系统对应模块中仍存在相应的未对应输变电台账数据。

2. 问题分析

电能质量在线监测系统台账对应模块中输电回路数据是与电能质量在线监测系统的线路代码管理中的数据相对应，与其回路数据维护无关，所以即使该回路数据已注销，而线路代码管理中数据未注销，电能质量在线监测系统台账对应模块中的未对应数据仍存在。

3. 问题处理

将电能质量在线监测系统线路代码管理中的该线路代码数据进行注销处理，如图 1－3 所示。

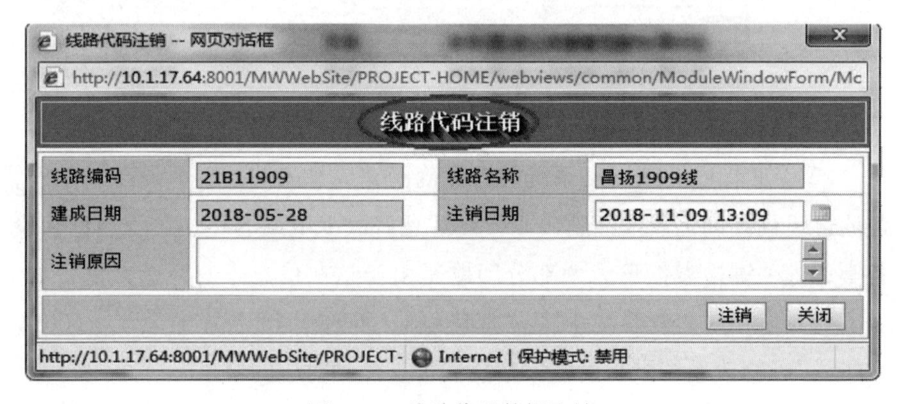

图 1－3　线路代码数据注销

四、电能质量在线监测系统中十三类设施台账与 PMS 系统台账数据不符合

1. 问题描述

电能质量在线监测系统输变电台账数据核查时，发现部分十三类设施台账数据与 PMS 系统数据不符合，包括对象不符合和属性不符合。其中对象不符合的主要问题是设施名称不一致，属性不符合的主要问题是设备名称、电压等级、投运日期、制造厂商等数据不一致。

2. 问题分析

由于电能质量在线监测系统和 PMS 系统中对输变电十三类设施的名称和参数维护得不一致，造成两个系统中的台账数据不一致，从而出现台账对象和属性数据不一致情况，如图 1－4 所示。

可靠性数据							业务数据					
所属市局	所属变电站	设备名称	电压等级	投运日期	制造厂商		所属市局	所属变电站	设备名称	电压等级	投运日期	制造厂商
国网湖州供电公	环渚变电所	白山1581环渚支	110	2013-11-30	西门子(杭州)高压	详细信息	国网湖州供电公	环渚变	白山1581环渚支	110	2013-11-19	西门子（杭州）高
国网湖州供电公	黄芝变电所	董辛1046线开关	110	2011-07-15	河南平高电气股份	详细信息	国网湖州供电公	黄芝变	董辛1046线开关	110	2010-09-20	河南平高电气股份
国网湖州供电公	晶硕变电所	晶塑1909线开关	110	2014-06-26	西门子(SIEMENS	详细信息	国网湖州供电公	晶硕变	晶扬1909线开关	110	2010-12-17	西门子（杭州）高
国网湖州供电公	德清变电所	110KV桥开关	110	2001-08-01	北京ABB高压开关	详细信息	国网湖州供电公	德清变	110KV桥开关	110	2002-03-21	北京ABB高压开关
国网湖州供电公	晶硕变电所	晶磺1910线开关	110	2014-06-26	西门子(SIEMENS	详细信息	国网湖州供电公	晶硕变	晶磺1910线开关	110	2010-12-17	西门子（杭州）高
国网湖州供电公	白雀变电所	白长1071线开关	110	2014-05-20	上海思源高压开关	详细信息	国网湖州供电公	白雀变	白长1071线开关	110	2014-11-04	上海思源高压开关
国网湖州供电公	晶硕变电所	晶中1908线开关	110	2017-06-20	西门子(SIEMENS	详细信息	国网湖州供电公	晶硕变	晶中1908线开关	110	2010-12-17	西门子（杭州）高
国网湖州供电公	高阳变电所	祥阳1759线开关	110	2017-06-25	山东泰开电力设备	详细信息	国网湖州供电公	高阳变	祥阳1759线开关	110	2016-09-13	山东泰开高压开关
国网湖州供电公	解放变电所	#1主变220KV开关	220	2016-06-17	新东北电气(沈阳)	详细信息	国网湖州供电公	解放变	#1主变220KV开关	220	2017-06-15	新东北电气集团高
国网湖州供电公	解放变电所	解安1821线开关	110	2016-06-23	北京北开电气股份	详细信息	国网湖州供电公	解放变	解安1821线开关	110	2018-06-15	北京北开电气股份
国网湖州供电公	包桥变电所	桥开关II段母线	110	2004-12-24	上海华明电力设备	详细信息	国网湖州供电公	包桥变	110KV桥开关II段	110	2011-01-09	上海华明电力设备
国网湖州供电公	英溪变电所	莫溪1522线线路	110	2012-06-06	抚顺高岳开关有限	详细信息	国网湖州供电公	英溪变	莫溪1522线线路	110	2012-05-27	抚顺高岳开关有限
国网湖州供电公	英溪变电所	莫英1523线正母	110	2012-06-06	抚顺高岳开关有限	详细信息	国网湖州供电公	英溪变	莫英1523线正母	110	2012-05-27	抚顺高岳开关有限
国网湖州供电公	英溪变电所	莫英1523线线路	110	2012-06-06	抚顺高岳开关有限	详细信息	国网湖州供电公	英溪变	莫英1523线线路	110	2012-05-27	抚顺高岳开关有限
国网湖州供电公	舞阳变电所	110KV桥开关I段	110	2005-11-16	西安西电高压开关	详细信息	国网湖州供电公	舞阳变	110KV桥开关I段	110	2013-04-19	湖南长高高压开关
国网湖州供电公	德清变电所	桥开关II段母线	110	2001-08-01	上海华明电力设备	详细信息	国网湖州供电公	德清变	110KV桥开关II段	110	2002-03-21	上海华明电力设备

图 1－4　白山 1581 线环渚支线投运日期不一致

3. 问题处理

（1）如果是两套系统的台账对象不符合，则根据现场设施实际命名规则，统一修正各系统的设施名称。

（2）如果是两套系统的台账属性不符合，处理方法为：①核实电能质量在线监测系统与 PMS 系统中台账数据的电压等级、投运日期、制造厂商等参数与现场实际设施的参数是否一致，并根据现场实际情况，修正相应系统内的设施参数数据，并保证数据一致性；②如果属性不符合是由于两套系统中部分设施参数类型的设定不一致导致，可将差别参数类型清单反馈至项目组进行算法优化。

五、线路设施已注册，但建回路代码时找不到该线路设施

1. 问题描述

线路设施已注册，但建立输电回路时无法查询到已建立的线路设施，因此无法完成回路代码的注册。回路代码注册界面如图 1－5 所示。

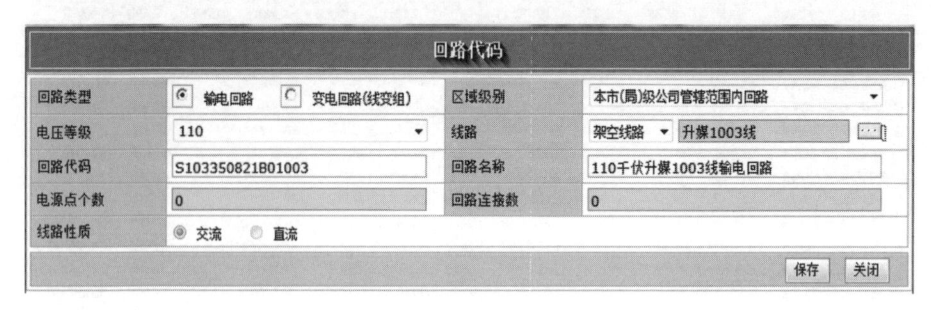

图 1－5　回路代码注册界面

2. 问题分析

在线路设施注册流程执行正确的情况下，一般不会出现此情况。问题的常见原因如下：

（1）线路设施注册后未完成审批。

（2）设施的电压等级、命名（主要指线路命名）等存在问题。

（3）系统的设施基础数据更新需要一段时间。

3. 问题处理

（1）首先确认线路设施数据是否已完成审批，如设施数据为“待审批”状态，则表示实际并未注册完毕，需要审批完成后再建回路代码。

（2）通过减少查询条件进行模糊查询，例如不选择电压等级，如仍查询不到，则需要查看线路设施注册数据中的相关信息是否有误，修正后重新审批。

（3）确认上述两种情况无问题后，进入回路代码管理中查找该条线

路。如找不到该线路，则需等待一定时间再操作，如图1－6所示。

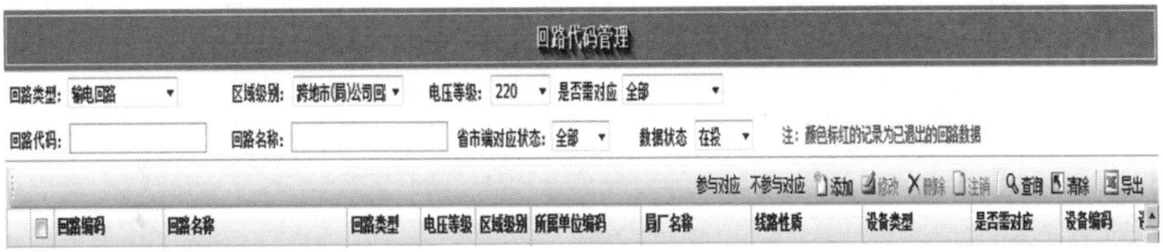

回路代码管理

回路类型：输电回路　区域级别：跨地市(局)公司回　电压等级：220　是否需对应 全部

回路代码：　回路名称：　省市端对应状态：全部　数据状态 在役　注：颜色标红的记录为已退出的回路数据

参与对应　不参与对应　添加　修改　删除　注销　查询　清除　导出

回路编码	回路名称	回路类型	电压等级	区域级别	所属单位编码	局厂名称	线路性质	设备类型	是否需对应	设备编码

图1－6　回路查询界面

六、电能质量在线监测系统十三类设施台账无法退出退役

1. 问题描述

“退出”是指设施由于某种原因离开安装位置，并且在该安装位置上又有同类设施，离开安装位置的设施记作退出。“退役”是指设施报废。实际在系统中执行退出退役操作时，无法完成相应操作。退出退役操作系统截图如图1－7～图1－9所示。

设施基础数据维护

单位名称 输电运检室　设施类型 架空线路　电压等级 全部　安装位置名称　数据类型 全部　正式数据　孤立设备

架空线路基础数据

添加　修改　删除　变更　退出退役　查询　清除　导出

	类型	状态	附件	操作标志	局厂代码	局厂名称	关联回路	下属代码	下属单位名称	线路代码	线路名称
1	手工				33508	国网湖州供电公司		07	输电运检室	2BB0037	协洪3370线
2	手工				33508	国网湖州供电公司		07	输电运检室	2BB0302	钮下3028线
3	手工				33508	国网湖州供电公司		07	输电运检室	2BB0302	钮昂3027线
4	手工				33508	国网湖州供电公司	输电回路 SB033508	07	输电运检室	2BB0345	妙西3450线
5	手工				33508	国网湖州供电公司	输电回路 SB033508	07	输电运检室	2BB0335	长升3351线

图1－7　设施基础数据退出退役操作（一）

2. 问题分析

造成该问题的原因有以下两种情况：

（1）设施为“非正式数据”，如设施由于参数字段修改等原因成为待审批数据。

（2）设施存在停电未闭环事件，如该设施存在停电运行数据且未复役。

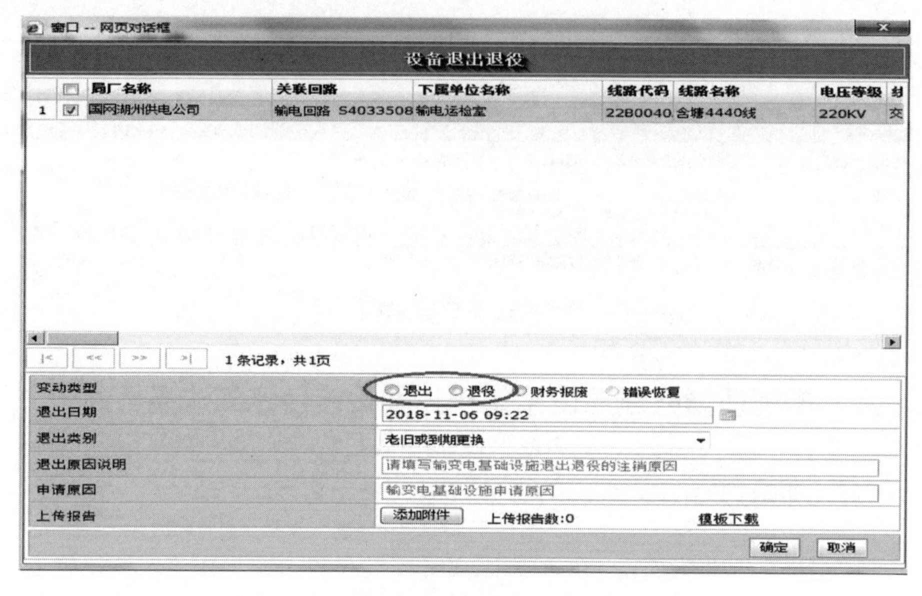

图 1－8　设施基础数据退出退役操作（二）

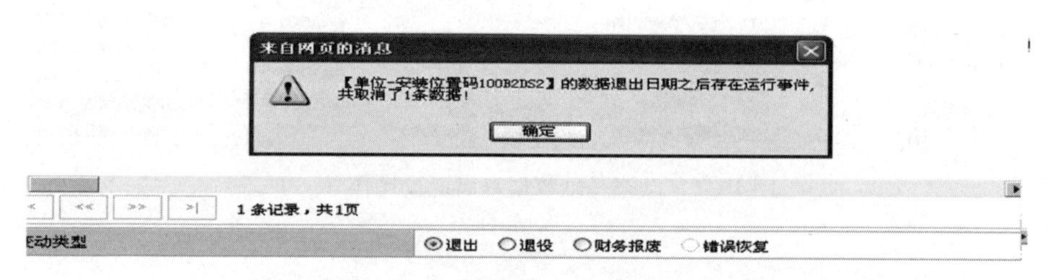

图 1－9　设施基础数据退出退役操作（三）

3. 问题处理

对存在问题的基础数据进行修改，修改方式为：

（1）设施为“待审批”状态。对于设施由于参数字段修改处于“待审批”状态的数据，需跟踪审批事宜，待数据审批完成后执行相关退出退役操作。

（2）设施存在停电未闭环事件，各类相关事件按以下原则进行维护：

1）对于进行增容改造的变压器、断路器、母线等变电设施，原设施应记停运1次，停运时间为“原设施停运时间”至“新设施安装到位并具备投运条件时间”，并按新设施安装到位且具备投运条件的时间点办理原设施退出操作。

2）对于线路Π接，不应生成回路停运事件，原线路按停运时间点直接办理退出。

3）对于线路T接，应记录1次停运事件。T接后线路仍使用原线路代码，不应做退出处理。

七、输电回路退役时，其回路代码无法注销

1. 问题描述

输电回路代码在执行退役时，系统提示无法注销。

2. 问题分析

输变电回路按照功能分为变电回路、母线回路和输电回路。母线回路、变电回路代码随着回路同步生成和注销，一般不存在代码注销问题。但输电回路的代码和回路是分别注册的，且在回路注册时还需选择回路代码。因此，若回路注销或变更流程有误，就可能出现输电回路代码无法注销的问题，如图1－10～图1－12所示。

回路代码

回路类型	输电回路 变电回路(线变组)	区域级别	本市(局)级公司管辖范围内回路
电压等级		线路	架空线路
回路代码		回路名称	
电源点个数	0	回路连接数	0
线路性质	交流 直流		

保存 关闭

图1－10　回路代码注册操作界面

图 1－11　输电回路注册操作界面

图 1－12　输电回路注册时回路代码选择操作界面

3. 问题处理

输电回路的回路代码注销前，需将该输电回路下各单位的设备进行退役，包括变电运维单位和输电运维单位。变电运维单位需要将输电回路下的设备进行退役，如线路侧断路器、隔离开关、电流互感器、电压互感器等设施。输电运维单位下的输电回路注销前需要将回路中的所有设备退出该回路。如该回路中存在设备则无法完成注销，设施退出界面如图 1－13 所示。

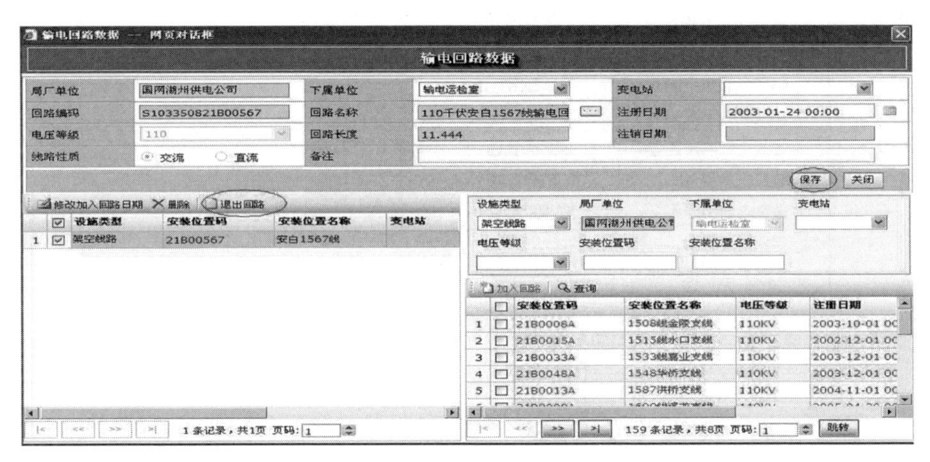

图 1－13　输电设施回路中设施退出

以上操作将生成待审批数据，数据审批完成后，再进行回路代码注销操作即可。

八、回路数据未完全建立，造成孤立设备无法处理

1. 问题描述

十三类输变电设施未与相应回路建立对应关系即判定为“孤立设备”。正常情况下，将设施按照回路划分原则加入相应回路即可，但有些情况下会造成孤立设备无法处理的问题，可在输变电数据管理下的系统基础台账管理中查询，如图 1－14 和图 1－15 所示。

2. 问题分析

造成该问题的原因为相应回路数据未完全创建或处于“待审核”状态，如图 1－16 所示。

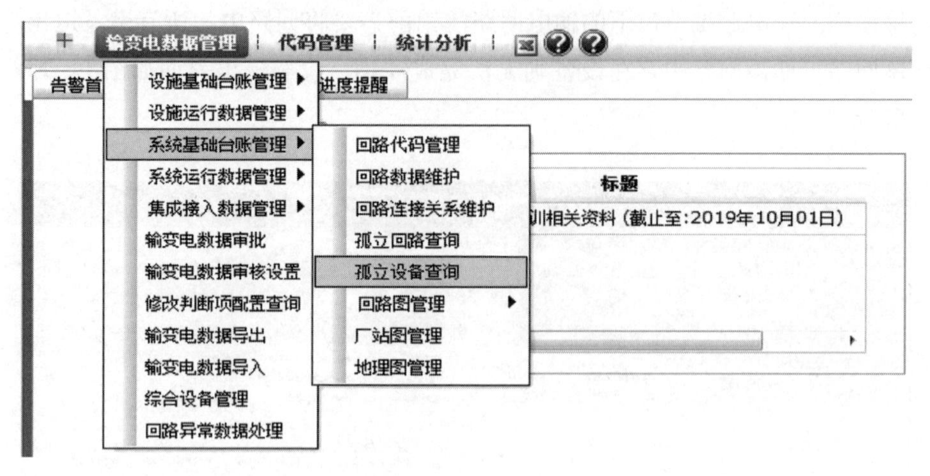

图 1－14　孤立设备查询路径

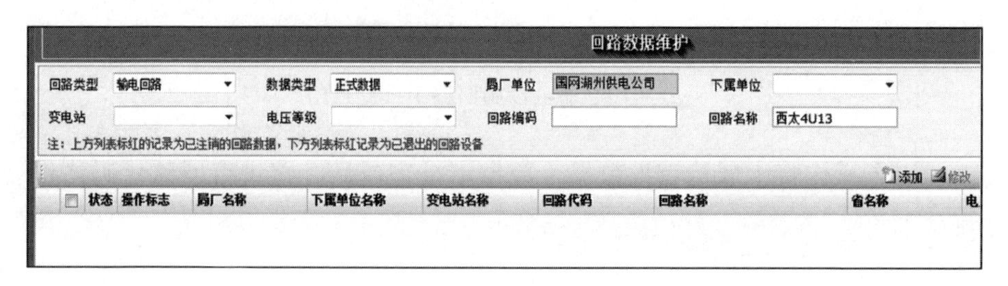

图 1－15　查询不到相关回路

图 1－16　待审核状态

3. 问题处理

（1）首先在查询回路时，确认回路类型、数据类型、下属单位、电压等级或回路名称正确。若确认此回路还未建立（该情况以输电回路居多），则根据实际情况，联系回路设施运维单位建立回路数据和回路代码。

（2）若为待审核回路，则提交上级管理部门进行审批。待数据审核完成后，将设施添加到回路，消除孤立状态。

九、混合线路的电缆设施，未关联进回路造成孤立设备

1. 问题描述

混合线路既有架空线路又有电缆线路，当架空线路关联到相应回路时，电缆线路无法关联到同一回路，电缆线路将成为孤立设备。

2. 问题分析

在创建回路代码时按要求只能选择架空或电缆，不能选择混合。当选择架空线路时，创建的回路代码只与架空设施关联，而造成电缆设施成为孤立设备，如图 1－17 所示。

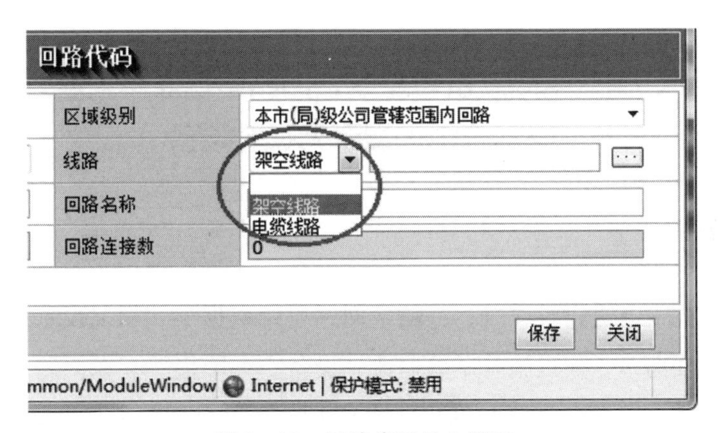

图 1－17　回路代码录入界面

3. 问题处理

进入系统基础台账管理的回路数据维护模块中，选择该电缆设施的对应回路，点击修改；选择相应电缆设施并加入到该回路中，生成待审核数据；待审核完成后即加入回路，如图 1－18 所示。

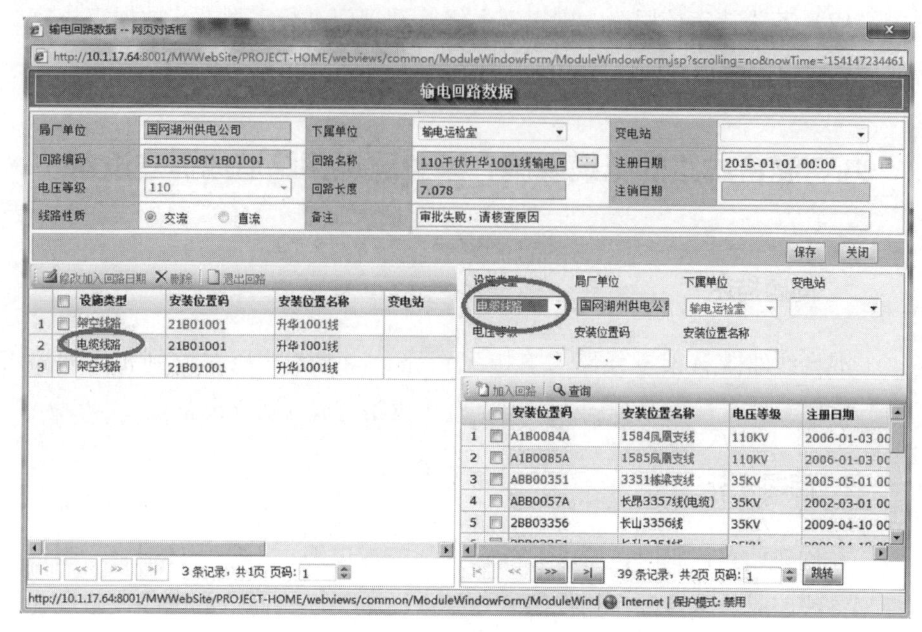

图 1－18　回路数据维护

十、输变电孤立设备整改，回路中已显示关联，但系统中仍显示为孤立设备

1. 问题描述

对孤立设备进行整改时，在输电回路基础数据中，相关设备已显示关联到输电回路中，而设施基础数据孤立设备查询中仍然存在回路中已关联设备。例如：昆仑变电站 110kV 昆城 1704 线关联到回路数据，如图 1－19 所示；而孤立设备查询中仍然存在昆城 1704 线回路中相关已关联设备，如图 1－20 所示。

2. 问题分析

由于系统变动、更新、维护等原因会出现在孤立设备未关联到回路或已关联系统中仍存在该孤立设备。

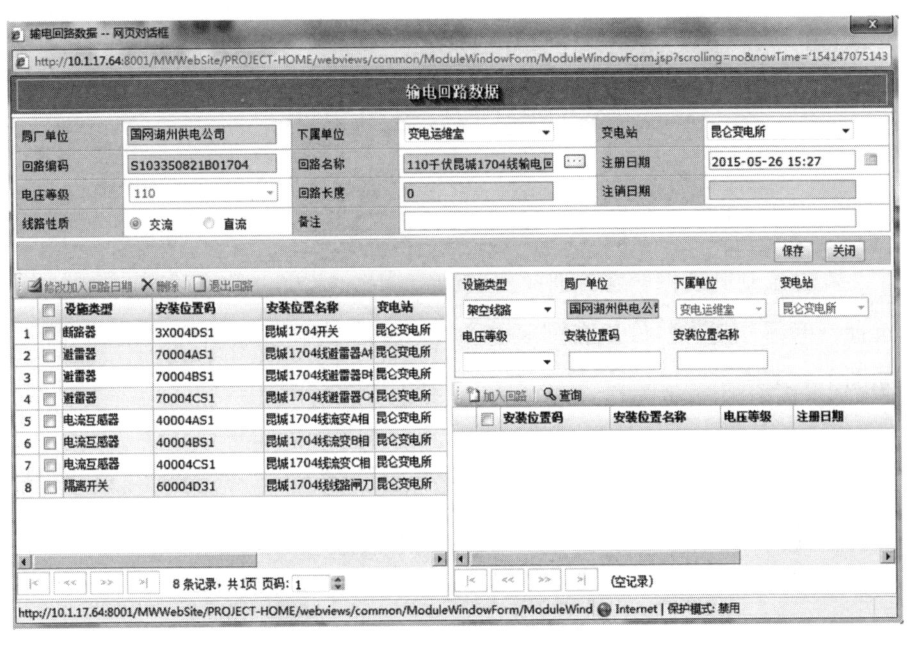

图 1－19　昆城 1704 线回路数据

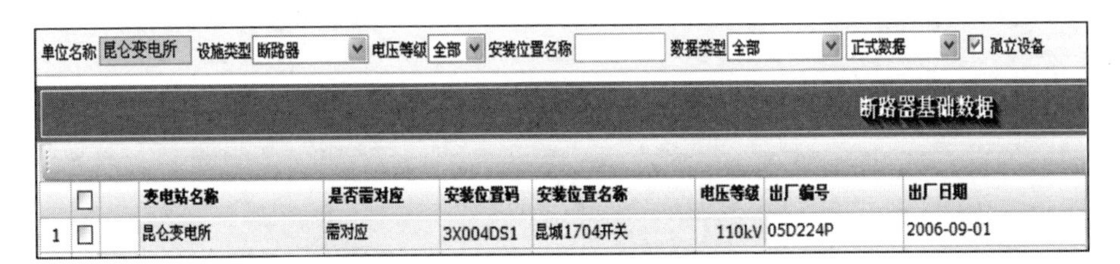

	变电站名称	是否需对应	安装位置码	安装位置名称	电压等级	出厂编号	出厂日期
1	昆仑变电所	需对应	3X004DS1	昆城1704开关	110kV	05D224P	2006-09-01

图 1－20　昆城 1704 线断路器孤立设备

3. 问题处理

（1）将孤立设备数据清单导出，再次检查有无未关联设备。如果确未关联，则进行回路数据修改。

（2）如果确已关联，则先在回路中将该孤立设备删除后保存，转为待审核数据。待上级管理部门审核后，再重新将相关基础设施加入回路数据中。

十一、设施基础数据台账注册的“制造单位”下拉列表中缺少部分制造单位名称

1. 问题描述

在设施基础数据台账注册时，其中“制造单位”需在下拉列表中进行选择，但部分制造单位未在列表清单中，造成实际注册时无法准确选择，如图1－21所示。

图1－21　设施基础数据注册界面

2. 问题分析

产生该问题的主要原因是未将该制造单位名称维护进电能质量在线监测系统的数据库中。

3. 问题处理

设施基础数据台账注册中“制造单位”下拉列表中缺少部分制造单位名称的问题无法自行解决，须将待增加的制造单位清单及相关信息反馈给系统项目组，由系统项目组在系统端定期统一添加。施工单位代码申请界面如图 1－22 所示。

设计、制造、施工单位代码申请

制造厂、设计单位、施工单位代码*	
厂家所在地区选项*	
厂家分类性质*	
设备最高电压等级*	
制造厂、设计单位、施工单位名称*	
制造厂、设计单位、施工单位助记码	
分类编码	
分类名称	
单位类别	□设计单位 □制造单位 □施工单位
设备类型	

□架空线路 □变压器 □电抗器 □断路器 □电流互感器 □电压互感器 □隔离开关 □避雷器 □耦合电容器 □阻波器 □组合电器 □电缆线路 □母线

厂家简介*：请描述改企业的主要工作性质（设计、施工还是制造单位），该企业近5年来是否有过更名（若有，说明原企业名称），该企业是否有所属集团公司（若有，说明所属集团公司名称，所在地）；制造单位应说明生产的设备主要类型、最高的设备电压等级等信息。

保存 重置 关闭

图 1－22　施工单位代码申请界面

十二、输变电设施设备型式为空或“0”异常情况

1. 问题描述

在检查设备基础数据时发现输变电设备型式为空或“0”，如图 1－23 所示。

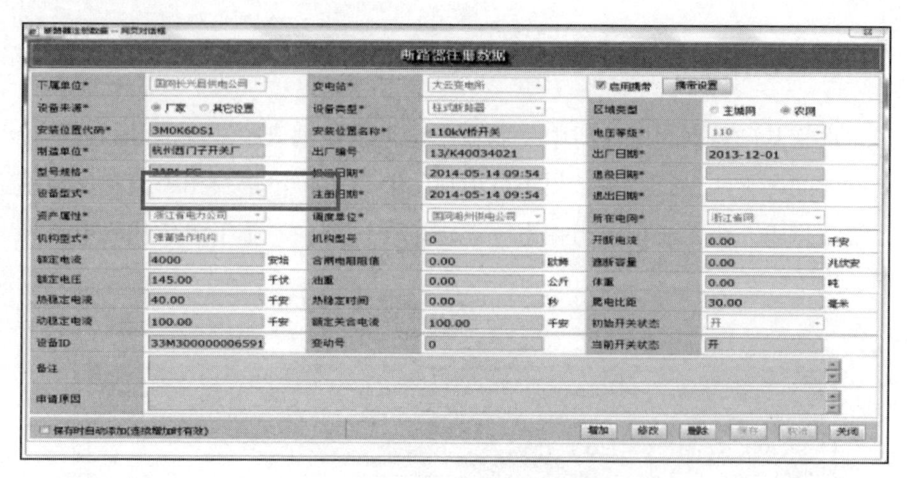

断路器注册数据

下属单位*	国网长兴县供电公司	变电站*	大云变电所		☑ 启用摘带	摘带设置	
设备来源*	◉ 厂家 ○ 其它位置	设备类型*	柱式断路器		区域类型	○ 主城网 ◉ 农网	
安装位置代码*	3M0K6DS1	安装位置名称*	110kV桥开关		电压等级*	110	
制造单位*	杭州西门子开关厂	出厂编号	13/K40034021		出厂日期*	2013-12-01	
型号规格*		投运日期*	2014-05-14 09:54		退役日期*		
设备型式*		注册日期*	2014-05-14 09:54		退出日期*		
资产属性*	浙江省电力公司	调度单位*	国网湖州供电公司		所在电网*	浙江省网	
机构型式*	弹簧操作机构	机构型号	0		开断电流	0.00	千安
额定电流	4000 安培	合闸电阻阻值	0.00	欧姆	遮断容量	0.00	兆伏安
额定电压	145.00 千伏	油重	0.00	公斤	体重	0.00	吨
热稳定电流	40.00 千安	热稳定时间	0.00	秒	爬电比距	30.00	毫米
动稳定电流	100.00 千安	额定关合电流	100.00	千安	初始开关状态	开	
设备ID	33M300000006591	变动号	0		当前开关状态	开	
备注							
申请原因							

保存时自动添加(连续增加时有效)　增加　修改　删除　保存　取消　关闭

图 1－23　设备型式为空案例

2. 问题分析

十三类输变电设施中涉及“设备型式”字段的主要包括变压器、断路器、隔离开关、母线、电流互感器、电压互感器、避雷器、组合电器等，因该字段为必填字段，不填写不能保存，因此，设备型式为空或为“0”基本上是系统建立初期或数据迁移过程中的遗留问题。

3. 问题处理

对存在设备型式问题的基础数据进行修改，如图 1－24 所示。

电压互感器注册数据

下属单位*	变电运维室	变电站*	南湖变电所	☑ 启用摘带	摘带设置	
设备来源*	◉ 厂家 ○ 其它位置	设备ID	33M500000000977	变动号	0	
安装位置代码*	500FMBS1	安装位置名称*	110kV付母B相PT	电压等级*	110	
制造单位*	牡丹江华能电力设备制	出厂编号	74022	出厂日期*	1997-03-01	
型号规格*	JDCF-110	投运日期*	1997-09-30 00:00	退役日期*		
设备型式*	电磁式	注册日期*	1997-09-30 00:00	退出日期*		
资产属性*	浙江省电力公司	调度单位*	国网嘉兴供电公司	所在电网*	浙江省网	
体重	0.00 吨	额定容量*	0.00 伏安	额定电压比	110000/1.73/100/1	
油重	0.00 吨	输出级	0.2 0.5 P	爬电比距	0.00	毫米/千伏
区域类型	◉ 主城网 ○ 农网					
备注						
申请原因	请填写输变电基础设施修改的申请原因					

图 1－24　存在设备型式问题的基础数据修改界面

十三、变电回路基础数据中额定传输容量为“0”异常情况

1. 问题描述

在通过综合查询、统计分析模块进行输变电设施台账完整性、准确性分析时，发现存在变电回路基础数据的额定传输容量为“0”的问题，需要对相关设施台账进行核准修正，如图 1-25 所示。

AZDD	AZDM	DYDJ	HLLX	EDCSRL	BZ	ID
B103350421	110千伏金南1657变电回路	110	变电回路	0		482782144
B103350121	110千伏钱庆1162线变电回路	110	变电回路	0		482782003
B103350121	110千伏东站1163线变电回路	110	变电回路	0		482782005
B103350121	110千伏钱庆1162线变电回路	110	变电回路	0		482782002
B103350521	110千伏港桥1237变电回路	110	变电回路	0		482782275
B103350521	110千伏凤远1239变电回路	110	变电回路	0		482782277
B103350521	110千伏凤远1239变电回路	110	变电回路	0		482782280
B1033501A1	110千伏白东1009线变电回路	110	变电回路	0		482782046
B103350421	110千伏金江1656变电回路	110	变电回路	0		482782141

图 1-25　台账完整性、准确性分析结果

2. 问题分析

变电回路基础数据的传输容量是本侧回路中加入的变压器容量和，如图 1-26 所示，该变电回路中加入了该变电站#2 主变，系统自动调用#2 主变基础数据中的“变压器容量”字段，计入额定传输容量。

造成该问题的原因有以下两种情况：

（1）常规变电回路：回路中未正确添加“变压器”设施或虽然添加了变压器，但其基础数据的“额定容量”字段填写为“0”。

（2）线变组：除了可能存在上述同类问题之外，对于回路中非线变组接线侧的变电站，因本侧回路中无变压器设施，故容量计算为“0”属正确结果，不应列入数据维护异常情况。

图 1－26　变电回路额定传输容量算法

3. 问题处理

对存在问题的基础数据进行修改，修改方式为：

（1）若经核实未将变压器添加到相应回路中，应及时维护。

（2）若经核实发现回路中变压器基础数据的“变压器容量”字段未维护，应参照台账填写该字段。

（3）针对线变组型式的变电回路，非线变组接线侧的变电站，额定传输容量核算为“0”属正常情况。后续各级单位开发可靠性数据分析评价工具时，可针对此类情况进行算法优化，以提升效率。

十四、母线基础设施数据的长度参数显示为“0”

1. 问题描述

在通过综合查询、统计分析模块进行输变电设施基础数据完整性、准确性分析时，发现存在母线长度为“0”的异常情况，需要对设施基础数据进行核准修正，如图 1－27 所示。

AZDD	AZDM	DYDJ	XHGG	TYRQ	TCRQ	JXFS	SBXS	GDCD
C00X2DS1	110kVⅡ段母线	110	LF21-100/90	2008-12-25 00:00		D	Y	0
C00ZMDS2	220kV正母线	220	LDRE-130/116	2003-12-11 00:00		S	Y	0
C00X1DS1	110kVⅠ段母线	110	LGJ-240	2008-12-16 00:00		NQ	R	0
C00FMDS2	220kV副母线	220	LDRE-Φ130/116	2008-12-09 00:00		D	Y	0
C00ZMDS2	220kV正母线	220	ZXLGJ-400/35	1994-08-14 00:00		SP	R	0
C00X2DS1	110kVII段母线	110	LF-21Y100/90	2011-09-27 15:20		NQ	Y	0
C00FMDS1	110kV付母线	110	未知	1993-09-27 00:00				0
C00PMDS2	220kV旁路母线	220	ZXLGJ-400/35	1993-09-27 00:00		SP	R	0
C00ZMDS1	110kV正母线	110	未知	1994-08-14 00:00				0

图 1－27 设施基础数据完整性、准确性分析结果

2. 问题分析

造成该问题的原因有以下两种情况：

（1）常规母线（AIS 型式）：因系统数据迁移或人为因素导致注册或维护母线基础数据时，未正确填写“母线长度”字段，如图 1－28 所示。

图 1－28 常规母线基础数据注册界面

（2）GIS 母线元件：基础数据模板中未设计“母线长度”字段，如图 1－29 所示。

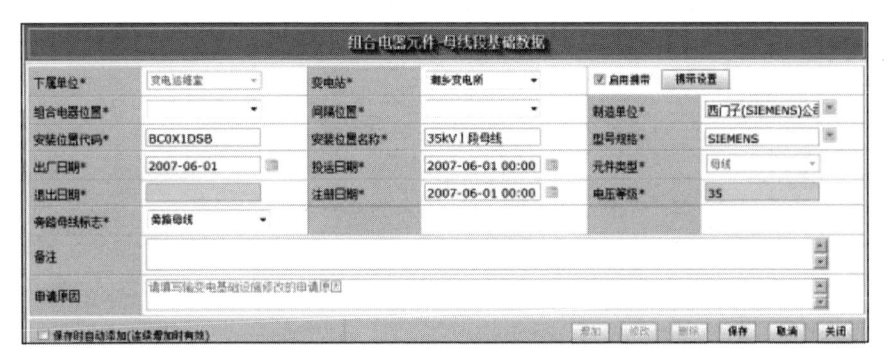

图 1－29 GIS 母线基础数据注册界面

3. 问题处理

对存在问题的基础数据进行修改，修改方式为：

（1）若经核实发现常规母线基础数据中“总长度”字段未维护，应参照台账填写该字段。

（2）若为 GIS 母线，“母线长度”显示为“0”属正常情况。后续各级单位开发可靠性数据分析评价工具时，可针对此类情况进行算法优化，以提升效率。

第二章

输变电运行数据篇

一、电能质量在线监测系统首页显示集成待确认量不准确

1. 问题描述

可靠性维护人员每日登录电能质量在线监测系统确认维护集成运行数据时，发现电能质量在线监测系统首页显示的待确认数据数量与实际对应维护模块中的待确认数据数量不符。有时首页待确认量显示为“0”，但是对应维护模块中已有待确认停运事件数据，可能会导致确认超时，如图2－1所示。

2. 问题分析

此类问题的产生主要是由于电能质量在线监测系统首页显示的数据量（个数显示）是系统的定时汇总，非实时性更新汇总，会产生维护模块与首页显示数据不对应的情况。

3. 问题处理

可靠性运维人员每日在进行运行事件维护时，要以对应运维模块中所需维护的具体数据为准。需直接进入回路事件维护模块，对回路类型、时间段、是否确认（待确认）进行逐项勾选，查询是否产生待确认运行事件，避免因漏查询而产生确认超时的情况，如图2－2所示。

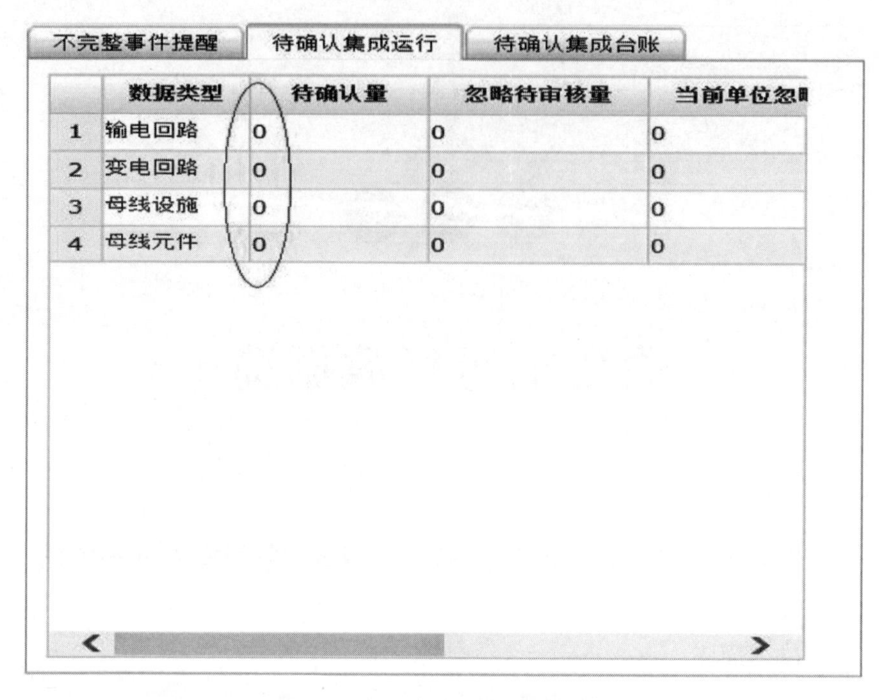

图 2-1　首页显示的待确认数据量

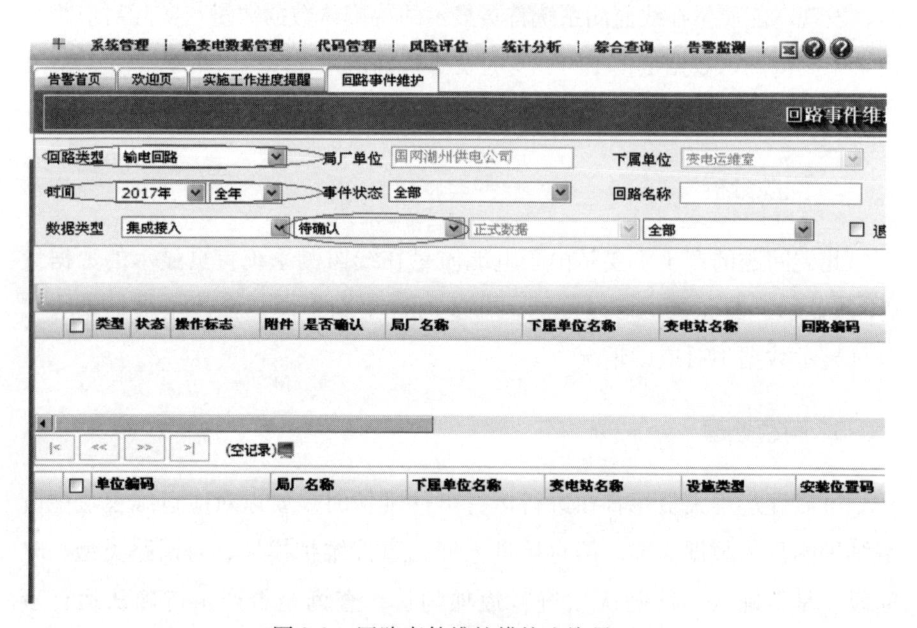

图 2-2　回路事件维护模块查询界面

二、输变电设施运行数据在“受累”状态下多出“作业终止时间”

1. 问题描述

可靠性运维人员维护受累停运事件时，发现该回路中各设施的运行数据中多出一个“作业终止时间”，如图 2－3 所示。

图 2-3　受累停运事件的设施运行数据多出作业终止时间

2. 问题分析

受累停运事件的设施运行数据应只有“停电开始时间”和“恢复运行时间”两个时间点。经分析，多出一个时间点的原因是在确认维护回路运行事件后，系统会自动生成设施运行数据，该类设施运行数据自动生成“作业终止时间”，该情况属系统原因造成。

3. 问题处理

在设施运行数据维护界面维护状态，在“状态分类”中选择一个其他停电性质。此时“作业终止时间”会自动消失，再选回原来的“受累停运备用”等停电性质，并保存，如图 2 –4 所示。

图 2 –4　设施运行数据维护界面

三、回路运行数据复电后，设施运行数据的作业终止时间被覆盖

1. 问题描述

输变电停运事件的相关设施工作结束后，在该回路未复电时，提前维护设施运行数据作业终止时间，待回路复电后设施运行数据的“作业终止时间”将会被覆盖，使其与复电时间一致，因此造成设施运行数据维护不准确，如图 2 –5 和图 2 –6 所示。

架空线路运行事件数据录入 -- 网页对话框

架空线路运行事件数据录入

下属单位* 输电运检室 线路名称 升桥2P78线 ☑启用携带 携带设置

状态分类*	改造施工	☐是否有设备更换			
停电设备	架空线路	导线	导线本体	钢芯铝绞线	
技术原因	其他	责任原因	检修因素	检修质量不良	其它
设备停运时间*	2018-11-07 07:24	电压等级	220 kV		
许可开工时间*	2018-11-07 07:54	作业前备用时间	0.5 小时	停运分类*	技术改造
工作终结时间*	2018-11-07 10:50 跨月	作业持续时间	2.93 小时	特殊原因	
恢复运行时间*	跨月	作业后备用时间	0 小时	天气状况	
任务号		任务描述	附加引流安装		
修改原因	附加引流安装 附加引流安装附加引流安装附加引流安装				
备注说明	关联设备自动生成				
申请原因	请填写输变电运行修改申请原因				

上传正式报告 上传报告数 0 上传简报 上传报告数 0 模板下载

☐保存时自动添加(连续增加时有效)

关联录入 关联事件维护 增加 修改 删除 保存 取消 关闭

图 2-5 复电前，维护工作终结时间

架空线路运行事件数据录入 -- 网页对话框

架空线路运行事件数据录入

下属单位* 输电运检室 线路名称 升桥2P78线 ☑启用携带 携带设置

状态分类*	改造施工	☐是否有设备更换			
停电设备	架空线路	导线	导线本体	钢芯铝绞线	
技术原因	其他	责任原因	检修因素	检修质量不良	其它
设备停运时间*	2018-11-07 07:24	电压等级	220 kV		
许可开工时间*	2018-11-07 07:54	作业前备用时间	0.5 小时	停运分类*	技术改造
工作终结时间*	2018-11-08 10:50 跨月	作业持续时间	26.93 小时	特殊原因	
恢复运行时间*	2018-11-08 10:50 跨月	作业后备用时间	0 小时	天气状况	
任务号		任务描述	附加引流安装		
修改原因	附加引流安装 附加引流安装附加引流安装附加引流安装				
备注说明	关联设备自动生成				
申请原因	请填写输变电运行修改申请原因				

上传正式报告 上传报告数 0 上传简报 上传报告数 0 模板下载

☐保存时自动添加(连续增加时有效)

关联录入 关联事件维护 增加 修改 删除 保存 取消 关闭

图 2-6 复电后，工作终结时间被覆盖

2. 问题分析

电能质量在线监测系统在集成生成输变电回路运行数据的复电时间时，“工作终结时间”可能会被重新刷新覆盖，使其与“恢复运行时间”相同，该情况属于系统问题。

3. 问题处理

输变电停电事件复电后，要及时对相关设施数据进行核查。若发现有“工作终结时间”被刷新覆盖的情况，应立即修改。

四、设施运行数据集成生成的“恢复运行时间”比“工作终结时间”早

1. 问题描述

在维护设施运行数据时，发现“恢复运行时间”比“工作终结时间”早，如图 2－7 所示。

图 2－7　设施复电时间比工作终结时间早

2. 问题分析

电能质量在线监测系统在推送输变电回路运行数据的复电时间时，集成生成的“恢复运行时间”有误，与实际复电时间不一致。而此设施的“工作终结时间”已提前维护并未被刷新覆盖，该情况属于系统问题。

3. 问题处理

输变电停电事件复电后，当发生回路运行数据集成的复电时间与实际不一致时，应及时与相关运维单位沟通，确认统一的回路复电时间。在修改完回路运行数据的复电时间后，还需对相关设施运行数据进行核查，并及时修改相关设施运行数据的“恢复运行时间”。

五、计划类停运事件的设施运行数据的备用时间为“0”

1. 问题描述

设施运行数据的停运性质可分为备用停运（调度备用、受累备用）、计划停运（试验、小修、大修、改造施工）、非计划停运（第一、二、三、四类非计划停运）。各类停运状态的运行数据均有“作业前备用时间”或“作业后备用时间”两个时间段。在维护时，发现部分计划类停运事件的设施运行数据的“作业前备用时间”或“作业后备用时间”为“0”。

2. 问题分析

一般正常情况下，计划类停运事件的设施运行数据的“作业前备用时间”或“作业后备用时间”均不应为“0”。若为“0”，则说明该设施运行数据的作业时间未维护准确，或已提前维护但回路复电后被刷新覆盖，如图 2－8 所示。

图 2-8　作业前后备用时间为“0”

3. 问题处理

输变电停电事件复电后，要及时对相关设施数据进行核查。当发现计划类停运事件的设施运行数据的“作业前备用时间”或“作业后备用时间”为“0”时，应立即核查并修改，如图 2-9 所示。

图 2-9　修改后的作业前、后备用时间

六、输变电设施运行数据的“技术原因”“责任原因”等字段为空或维护不准确

1. 问题描述

输变电设施运行数据核查时，发现“技术原因”和“责任原因”字段为空或维护不准确，如图 2－10 和图 2－11 所示。

2. 问题分析

设施运行数据维护时，未按照实际停运情况进行技术原因和责任原因维护，造成上述字段为空或维护不准确。

变压器运行事件数据录入 -- 网页对话框

变压器运行事件数据录入

下属单位* 变电运维室 变电站* 织里变电所 安装位置名称* #1主变 启用携带 携带设置

状态分类*	小修				
停电设备					
技术原因		责任原因			
设备停运时间*	2017-03-23 08:15	电压等级	110 kV		
许可开工时间*	2017-03-24 10:20	作业前备用时间	26.08 小时	停运分类*	周期性修试校
工作终结时间*	2017-03-30 16:00 跨月	作业持续时间	149.67 小时	特殊原因	
恢复运行时间*	2017-04-21 15:53 跨月	作业后备用时间	527.88 小时	天气状况	
任务号		任务描述			
修改原因	修改110kV织里变电所110kV#1主变间隔复电时间				
备注说明	关联设备自动生成				
申请原因	修改110kV织里变电所#1主变工作结束时间				

上传正式报告 上传报告数 0 上传简报 上传报告数 0 模板下载

保存时自动添加(连续增加时有效)

关联录入 关联事件维护 增加 修改 删除 保存 取消 关闭

图 2－10 设施运行数据的“技术原因”“责任原因”字段为空

3. 问题处理

输变电停电事件复电后，应按照实际停运情况对设施运行数据进行

变压器运行事件数据录入 -- 网页对话框

变压器运行事件数据录入

下属单位* 变电运维室 变电站* 织里变电所 安装位置名称* #1主变 启用携带 携带设置

状态分类*	小修				
停电设备	变压器				
技术原因	其他	责任原因	待查	待查	责任原因不明
设备停运时间*	2017-03-23 08:15	电压等级	110 kV		
许可开工时间*	2017-03-24 10:20	作业前备用时间	26.08 小时	停运分类*	周期性修试校
工作终结时间*	2017-03-30 16:00 跨月	作业持续时间	149.67 小时	特殊原因	
恢复运行时间*	2017-04-21 15:53 跨月	作业后备用时间	527.88 小时	天气状况	
任务号		任务描述			
修改原因	修改110kV织里变电所110kV#1主变间隔复电时间				
备注说明	关联设备自动生成				
申请原因	修改110kV织里变电所#1主变工作结束时间				

上传正式报告 上传报告数 0 上传简报 上传报告数 0 模板下载

保存时自动添加(连续增加时有效)

关联录入 关联事件维护 增加 修改 删除 保存 取消 关闭

图 2－11　“技术原因”“责任原因”字段维护不准确

“技术原因”和“责任原因”等字段的维护，如图 2－12 所示。

变压器运行事件数据录入 -- 网页对话框

变压器运行事件数据录入

下属单位* 变电运维室 变电站* 织里变电所 安装位置名称* #1主变 启用携带 携带设置

状态分类*	小修				
停电设备	变压器	油箱及储油柜	储油柜	其它	
技术原因	其他	责任原因	物资因素	产品质量不良	材质不良
设备停运时间*	2017-03-23 08:15	电压等级	110 kV		
许可开工时间*	2017-03-24 10:20	作业前备用时间	26.08 小时	停运分类*	周期性修试校
工作终结时间*	2017-03-30 16:00 跨月	作业持续时间	149.67 小时	特殊原因	
恢复运行时间*	2017-04-21 15:53 跨月	作业后备用时间	527.88 小时	天气状况	
任务号		任务描述			
修改原因	修改110kV织里变电所110kV#1主变间隔复电时间				
备注说明	关联设备自动生成				
申请原因	修改110kV织里变电所#1主变工作结束时间				

上传正式报告 上传报告数 0 上传简报 上传报告数 0 模板下载

保存时自动添加(连续增加时有效)

关联录入 关联事件维护 增加 修改 删除 保存 取消 关闭

图 2－12　“技术原因”和“责任原因”字段的正确维护

七、系统生成的停复役时间与实际停复役时间偏差大

1. 问题描述

输变电回路运行数据系统自动集成的停复役时间错误，如：5 月 10 日超仁 1548 线回路停复电时，系统自动集成的停复役时间（停电起始时间 10∶00 和终止时间 20∶30）与实际停复役时间（停电起始时间 07∶30 和终止时间 18∶05）偏差太大。

2. 问题分析

由于调度系统集成上传有误等原因，使得电能质量在线监测系统中回路运行数据自动集成生成的停复电时间延迟。该时间可能会在实际工作开始时间之后，将造成无法对设施运行数据进行维护的问题。

3. 问题处理

遇到此类问题时，确定最早停役变电站的操作开始时间和最晚复役变电站的操作结束时间，分别对各回路运行数据和设施运行数据手工修改正确。例如，超仁 1548 线应最终手工修改停电起始时间（07∶30）和终止时间（18∶05），如图 2－13 所示。

变电站名称	安装位置码	▲安装位置名称	电压等级	起始时间	终止时间
塘南变电所	3X048DS1	超仁1548塘南支线开关	110KV	2017-05-10 07:30	2017-05-10 18:05
塘桥变电所	3X048DS1	超仁1548塘桥支线开关	110KV	2017-05-10 07:30	2017-05-10 18:05
长超变电所	3X048DS1	超仁1548线开关	110KV	2017-05-10 07:30	2017-05-10 18:05
仁舍变电所	3X048DS1	超仁1548线开关	110KV	2017-05-10 07:30	2017-05-10 18:05

图 2－13　超仁 1548 线回路数据

八、输变电停电事件发生后，系统中未生成相应的停电事件

1. 问题描述

输变电各类停电事件发生后，系统中未生成相应的回路或设施运行数据。

2. 问题分析

（1）系统问题。如 110kV 湖家 1551 线输电回路停电事件，实际停电时间为 9 月 27 日，相应停电事件生成时间却是 9 月 30 日，如图 2 – 14 所示。

变电站名称	安装位置码	▲安装位置名称	电压等级	起始时间	终止时间	用户修改时间	系统操作时间	新增/入库日期
湖州变电所	3X051DS1	湖家1551线开关	110KV	2016-09-27 08:15	2016-10-02 19:03	2016-09-30 10:17	2016-10-03 16:42	2016-09-30 09:46:33
钮家变电所	3X051DS1	湖家1551线开关	110KV	2016-09-27 08:15	2016-10-02 19:03	2016-09-30 09:52	2016-10-03 16:43	2016-09-30 09:37:46
棣溪变电所	3X051DS1	湖家1551棣溪支线开关	110KV	2016-09-27 08:15	2016-10-02 19:03	2016-09-30 09:50	2016-10-03 16:43	2016-09-30 09:39:28

图 2 – 14　湖家 1551 线输电回路数据

（2）输变电回路（或设施）台账在电能质量在线监测系统与调度系统中存在不对应的情况，造成该回路（或设施）停电时相应的运行数据无法自动集成生成，并造成电能质量在线监测系统停电事件运行数据集成不完整。

3. 问题处理

（1）若某输变电回路停电后，电能质量在线监测系统中未生成相应的运行数据，则需在电能质量在线监测系统的数据对应模块中查看对应情况。若该回路台账在电能质量在线监测系统与调度系统中未对应，应及时进行对应，并及时联系项目组进行后台处理。

（2）在系统综合查询—集成数据明细查询中查看明细内有无该回路的

集成接入信息，若明细内有该回路信息且显示“未处理”，则为国网系统原因未转换。为了避免发生漏确认等情况，在每次生成可靠性待确认数据的停电操作后，可靠性维护人员应及时关注集成明细中未集成原因，并及时处理，如图 2－15 和图 2－16 所示。

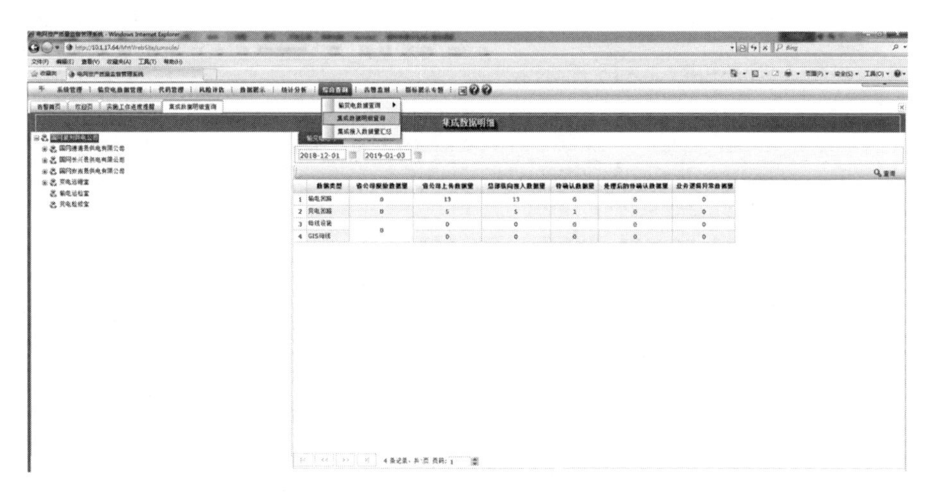

图 2－15　集成明细中进行相应事件查询

图 2－16　集成明细中进行相应原因查询

九、母线停电事件出现人工数据

1. 问题描述

变电站母线停电事件可能会产生人工设施运行数据和人工回路运行数据，如图 2－17 和图 2－18 所示。

	□	▲类型	阝	1	设施类型	备注	变电站名称	线路名称/安装位置名称	电压等	起始时间	终止时间
1	□	人工			隔离开关	全所C级检修	南林变电所	110kVⅡ段母线压变母线闸刀	110kV	2017-04-12 07:20	2017-04-17 15:10
2	□	人工			隔离开关	全所C级检修	南林变电所	桥林1625线母线闸刀	110kV	2017-04-12 07:20	2017-04-17 15:10
3	□	人工			隔离开关	全所C级检修	南林变电所	110kV桥开关Ⅱ段母线闸刀	110kV	2017-04-12 07:20	2017-04-17 15:10
4	□	人工			电压互感器	全所C级检修	南林变电所	110kVⅠ段母线压变B相	110kV	2017-04-12 07:20	2017-04-17 15:50
5	□	人工			电压互感器	全所C级检修	南林变电所	110kVⅠ段母线压变C相	110kV	2017-04-12 07:20	2017-04-17 15:50
6	□	人工			电压互感器	全所C级检修	南林变电所	110kVⅠ段母线压变A相	110kV	2017-04-12 07:20	2017-04-17 15:50
7	□	人工			电压互感器	全所C级检修	南林变电所	110kVⅡ段母线压变B相	110kV	2017-04-12 07:20	2017-04-17 15:10
8	□	人工			电压互感器	全所C级检修	南林变电所	110kVⅡ段母线压变C相	110kV	2017-04-12 07:20	2017-04-17 15:10
9	□	人工			电压互感器	全所C级检修	南林变电所	110kVⅡ段母线压变A相	110kV	2017-04-12 07:20	2017-04-17 15:10
10	□	人工			电流互感器	全所C级检修	南林变电所	110kV桥开关流变C相	110kV	2017-04-12 07:20	2017-04-17 05:10
11	□	人工			隔离开关	全所C级检修	南林变电所	110kVⅠ段母线压变母线闸刀	110kV	2017-04-12 07:20	2017-04-17 15:50
12	□	人工			隔离开关		南林变电所	110kV桥开关Ⅰ段母线闸刀	110kV	2017-04-12 07:20	2017-04-17 15:50
13	□	人工			隔离开关	全所C级检修	南林变电所	#1主变110kV变压器闸刀	110kV	2017-04-12 07:20	2017-04-17 15:50
14	□	人工			隔离开关	全所C级检修	南林变电所	桥南1624线母线闸刀	110kV	2017-04-12 07:20	2017-04-17 15:50
15	□	人工			断路器	全所C级检修	南林变电所	110kV桥开关	110kV	2017-04-12 07:20	2017-04-17 15:10
16	□	人工			电流互感器		南林变电所	110kV桥开关流变B相	110kV	2017-04-12 07:20	2017-04-17 15:10
17	□	人工			电流互感器		南林变电所	110kV桥开关流变A相	110kV	2017-04-12 07:20	2017-04-17 15:10
18	□	人工			隔离开关	全所C级检修	南林变电所	#2主变110kV变压器闸刀	110kV	2017-04-12 07:20	2017-04-17 15:10
19	□	已确认			避雷器	南林变集中检修	南林变电所	桥南1624线避雷器C相	110kV	2017-04-12 07:50	2017-04-17 15:35
20	□	已确认			避雷器	南林变集中检修	南林变电所	#1主变110kV中性点避雷器	110kV	2017-04-12 07:20	2017-04-17 15:50

图 2－17　110kV 南林变电站人工设施运行数据

查询

	□	类型	变电站名称	回路名称	省名称	电压等	状态符	回路类型	起始时间	终止时间
1	□	人工	南林变电所	南林变电所110千伏母线回路	浙江省电力公司	110kV	计划停运	母线回路	2017-04-12 07:20	2017-04-17 15:50

图 2－18　110kV 南林变电站人工回路运行数据

2. 问题分析

因为母线回路内各设施元件的停电运行事件，不一定会造成母线回路停运事件，例如：桥开关间隔的停运事件等。所以电能质量在线监测系统不会自动集成母线回路的停运事件，只会自动集成生成母线设施的运行数据，但是各间隔母线隔离开关、母设间隔及桥开关（或母联、母分开关）间隔内等设施的运行数据需人工维护，母线回路数据需人工合并生成。

3. 问题处理

因为母线回路内设施停运事件的特殊规则，所以针对具体母线回路设施的停运事件，需进行人工分析并维护设施运行数据，再进行合并或者忽略相应的母线回路运行数据。

十、T 接线路拆搭头工作时，输变电回路运行数据复电时间集成不准确

1. 问题描述

T 接线路拆搭头工作时，输电回路（或线变组变电回路）运行数据系统自动集成的复电时间为现场拆头工作结束后的第一次复役时间，此时被隔离变电站的变电设施仍未复役，而系统却显示该变电站的变电设施及回路运行数据已复电，如图 2－19 所示。

仁舍变电所	S103350821B005	110千伏超仁1548线输电回路	110KV	受累停运	输电回路	2017-05-10 07:30	2017-05-10 18:05
塘桥变电所	S103350821B005	110千伏超仁1548线输电回路	110KV	计划停运	输电回路	2017-05-10 07:30	2017-05-10 18:05
塘南变电所	S103350821B005	110千伏超仁1548线输电回路	110KV	计划停运	输电回路	2017-05-10 07:30	2017-05-10 18:05
长超变电所	S103350821B005	110千伏超仁1548线输电回路	110KV	受累停运	输电回路	2017-05-10 07:30	2017-05-10 18:05

图 2－19　110kV 超仁 1548 线输电回路运行数据

2. 问题分析

由于电能质量在线监测系统运行数据集成生成的规则限定，T 接线路的输电回路中只要有两侧带电，即认为该回路全线已恢复运行状态，从而自动生成该回路各侧的复电时间，所以造成 T 接线路未复役一侧的复电时间与实际复役时间不一致。

3. 问题处理

遇到此类问题时，在线路搭头工作结束后，各运维单位之间应互相沟通，将各侧变电站实际复役时间进行汇总分析，最终确定该回路的复电时间，进行手工维护。

十一、忽略事件无法通过审核

1. 问题描述

运行数据由于某些原因需要进行忽略处理，提交上级审批，却未被审核通过，并在系统首页上会有忽略待审核量的显示，如图 2－20 所示。

不完整事件提醒 | 待确认集成运行 | 主站输变电原始数据

	数据类型	待确认量	忽略待审核量	当前单位忽
1	输电回路	0	0	0
2	变电回路	0	0	0
3	母线设施	0	0	0
4	母线元件	0	0	0

图 2－20　忽略待审核量

2. 问题分析

忽略运行数据要填写忽略原因并上传详细的忽略申请报告，说明该运行数据需进行忽略处理的具体原因和充分的佐证材料。由于没有提供相应的申请报告或佐证材料不充分，所以审核不通过。

3. 问题处理

遇到此类问题，先查看审核流程所在阶段，确认是否为被上级部门审核退回状态。对被退回的忽略操作数据，补充完备的申请报告及佐证材料，重新走审批流程，如图 2－21 所示。

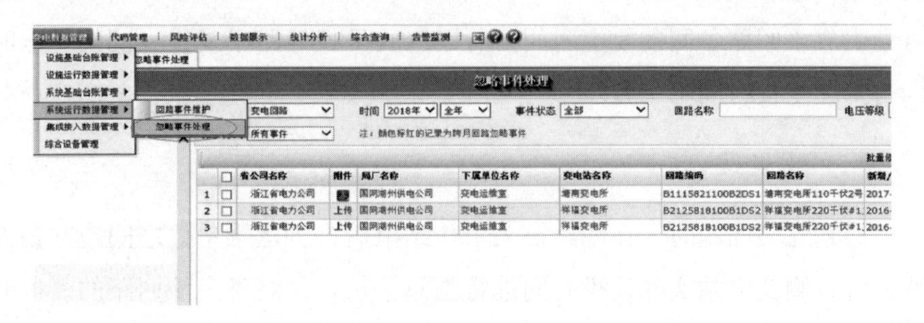

图 2－21　忽略事件处理流程阶段显示界面

十二、系统自动集成生成错误运行数据

1. 问题描述

系统自动集成生成的输变电回路（或设施）运行数据与实际停运的回路（或设施）不一致。

2. 问题分析

由于输变电回路（或设施）台账在电能质量在线监测系统与调度系统中存在对应错误的情况（也有可能是一对多现象），造成该回路（或设施）停电时，自动集成生成错误的运行数据。

3. 问题处理

（1）将错误的运行数据做忽略处理，并提交申请报告。

（2）将对应关系错误的台账数据取消对应关系，再与正确的台账数据进行重新对应。

（3）若是一对多的问题，则找到问题数据，清除多余的对应关系，保留正确的对应关系。

十三、输变电运行数据无法查询，如何进行事件确认及偏差控制

1. 问题描述

输变电系统运行数据管理无法查询，导致无法确认已转换数据是否准确以及与预测是否一致，如图 2－22 所示。

2. 问题分析

系统运行数据管理无法查询，历史数据可进入“综合查询—设施运行数据管理—设施运行数据维护内”进行相关查询。

图 2－22　应用发生异常，无法查询运行事件

3. 问题处理

（1）如出现以上运行数据管理无法查询的情况，应关闭当前页面，重新登录并查询，多次尝试后会出现偶尔的正常可操作状态，在此状态下进行运行事件的确认。

（2）综合考虑工作效率及便捷性，可通过“综合查询－集成数据明细”路径获取相关数据信息，如图 2－23 和图 2－24 所示。

通过“输变电设施运行数据管理—设施运行数据维护”选择相应的设施进行查看及统计。

图 2－23　集成数据明细

图 2－24　接入数据查询

十四、电能质量在线监测系统输变电模块中忽略、修改的审核数据被退回后无法修改

1. 问题描述

电能质量在线监测系统输变电模块中忽略、修改的审核数据被退回后无法修改。

2. 问题分析

电能质量在线监测系统输变电模块中确认或者未确认的数据进行忽略或者修改生成的审核数据被退回后，该数据状态变为待审核数据，待审核数据是无法修改的。

3. 问题处理

在待审核数据中找到对应的数据并删除该数据，删除后该数据会恢复为确认或者未确认数据，再进行后续操作即可，如图 2 - 25 ~ 图 2 - 27 所示。

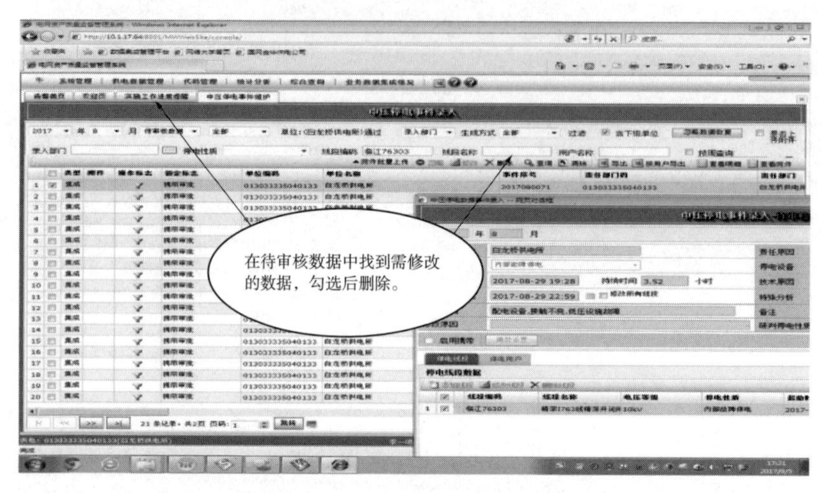

图 2 - 25　待审核数据删除

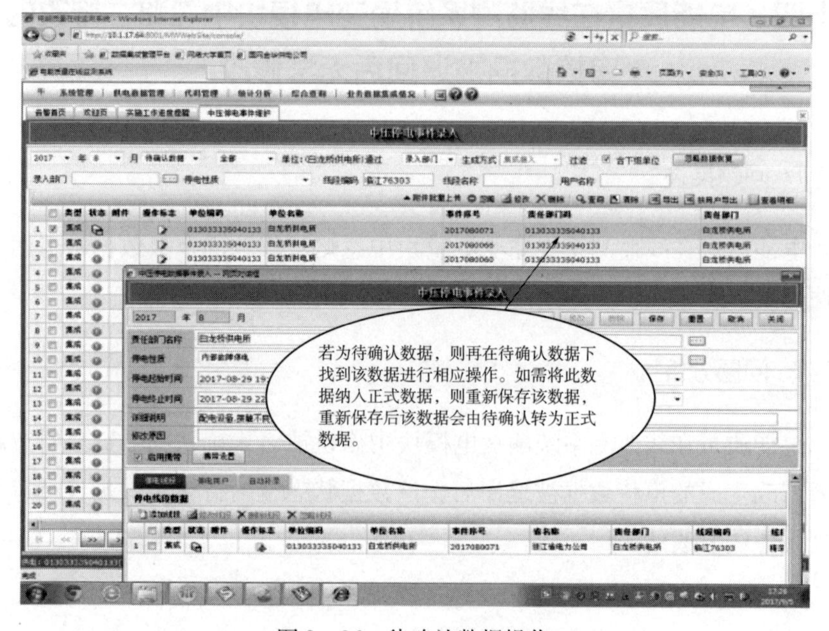

图 2 - 26　待确认数据操作

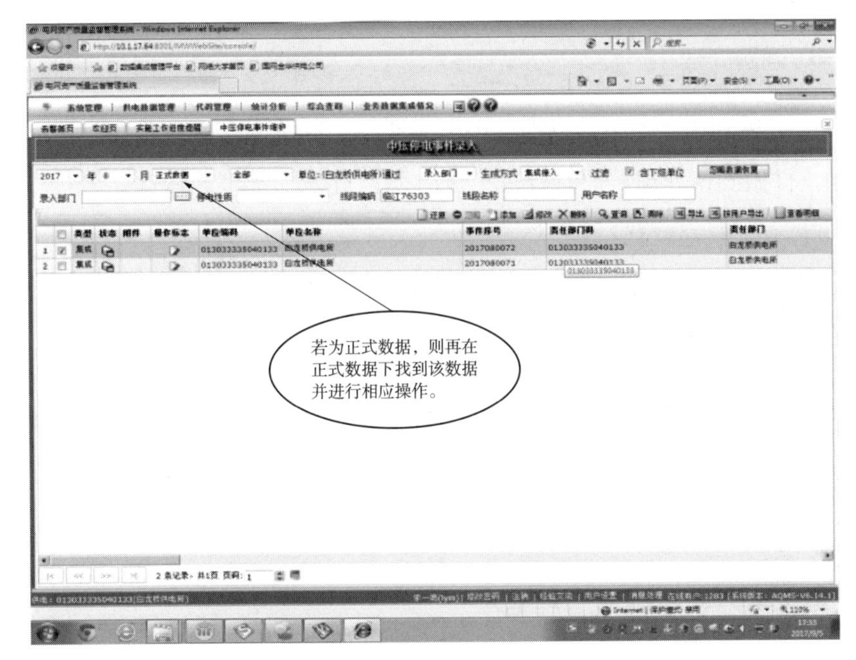

图 2－27　正式数据操作

十五、电能质量在线监测系统输变电模块中同一停电事件被拆分集成

1. 问题描述

电能质量在线监测系统输变电模块中某设备停电期间，系统生成了两个相同的停电事件或者两个不同时间段的停电事件。

2. 问题分析

（1）该系统在一个停电事件内生成了两个不同时间段的停电事件，是因为该设备在停电后将做退役退出处理，但此期间系统维护人员没有及时做退役退出处理，而设备在投产前做试验时使系统错误集成停电数据，导致产生两个不同时间段的事件。

（2）该系统生成了两个相同的停电事件，是系统故障造成的，生成一条正确事件和一条错误事件。

3. 问题处理

（1）该系统在一个停电事件内生成两个不同时间段的停电事件时，对一条事件做确认处理，同时修改集成时间；对另一条事件做忽略处理，按照实际情况填写忽略报告并上报。

（2）该系统生成了两个相同的停电事件，对正确事件进行确认手续，对错误事件修改为受累事件。

十六、电能质量在线监测系统输变电模块中同一时间段内生成多条重复停电事件

1. 问题描述

电能质量在线监测系统输变电模块中待确认回路数据内出现 2 条及以上相同的运行数据（包括变电站、回路、时间等）。

2. 问题分析

由于系统原因，同一输变电设备重复推送多条停电、复电数据。

3. 问题处理

首先确认该运行数据是否为真实事件，如为真实事件，在 2 条相同的数据中选取一条确认。确认后另一条应会自动消失，如不能自动消失，需填报模板反馈给项目组进行后台处理。

第三章

供电基础数据篇

一、供电台账数据“修改”“变更”功能错误使用

1. 问题描述

电能质量在线监测系统内供电基础数据的“修改”与“变更”功能类似，可能存在错误使用“修改”功能的情况。

“修改”功能主要用于设备更名或改正错误录入的数据，不涉及现场设备更换，同样也不存在“修改日期”的说法。“变更”功能主要用于用户现场更换后的基础台账线路变更、用户变更，操作后用户对应关系会重置，同时会产生“变更日期”用于记录变更操作时间。

（1）线路变更功能主要用于线段编码、导线长度、地区特征等线段基本属性变更；

（2）用户变更主要用于用户所属线段信息、用户本身用户编码、配电变压器基本信息变更、地区特征变更以及公变和专变性质变更等情况。

2. 问题分析

供电基础台账数据因现场设备工作需要更新时，应使用变更功能。在锁定范围内对基础数据进行修改（包括新增和删除操作）都将成为非正式数据，需要经过上级审批通过后才能成为正式数据。

锁定业务控制方式：数据可由省公司和市级公司分别加锁，数据一旦锁定之后，正式数据不会做任何改动，所有锁定后的修改都会记入非正式数据表，以待上级部门审核之后，由程序自动将审核通过的记录更新至正式表。数据是否锁定的判断原则是将线段或用户的注册日期与锁定日期相比，若小于锁定日期则表示该条线段或用户被锁定。

维护人员对本应进行变更的用户变压器错误使用“修改”操作，对应关系却没有变化。如若生成的“待审核”数据审核通过后，会造成系统与现场对应关系错误，如图 3－1 所示。

图 3-1　使用修改功能产生审核确认信息界面

3. 问题处理

错误使用“修改”功能后，如已生成待审核数据，可联系系统上一级管理员，将待审核数据进行退回操作，使用“变更”功能进行基础数据变更。

在现场设备改动后，应使用“变更”功能，“变更”功能的正确操作如下：

（1）线路变更。线路变更后，系统运维人员根据相关工作资料变更线路基础数据，并修改变更的线段及用户信息。如若线路地区特征发生变动，则变更相应线段信息。例如线段长度发生变化时，具体操作如图 3 – 2 所示。

线段变更 -- 网页对话框

线段变更

	变更前			变更后		
编码变更	原线段编码	碧浪260东信		新线段编码	碧浪260东信	
	原线段名称	碧星260东信		新线段名称	碧星260东信	
长度变更	原电缆长度	0.100	Km	新电缆长度	0.76	Km
	原架空裸导线	0.000	Km	新架空裸导线	15.000	Km
	原架空绝缘线	0.000	Km	新架空绝缘线	0.000	Km
	原线路合计	0.100	Km	新线路合计	15.760	Km
电压变更	原电压等级码	10		新电压等级码	10	
出线开关变更	原出线开关			新出线开关		
地区变更	原地区特征码	市中心		新地区特征码	市中心	
规划特征变更	原规划特征	A		新规划特征	A	
性质变更	原线路性质码	公用		新线路性质码	公用	
开关设备台数变更	原开关设备台数	0		新开关设备台数	0	
断路器台数变更	原断路器台数	0		新断路器台数	0	
电容器台数变更	原电容器台数	0		新电容器台数	0	
开闭所室数变更	原开闭所室数	0		新开闭所室数	0	
管理属性变更	原管理属性	主城网		新管理属性	城区单位	
变更日期	2018-11-06	（注：变更内容从变更日期当天开始生效）				

确定变更　取消变更

图 3-2　使用线段变更功能进行数据处理界面

（2）用户变更。当用户发生变更，如增减容、更名等，收集用户变更信息后进行变更。例如变压器容量变化时，具体操作如图 3－3 所示。

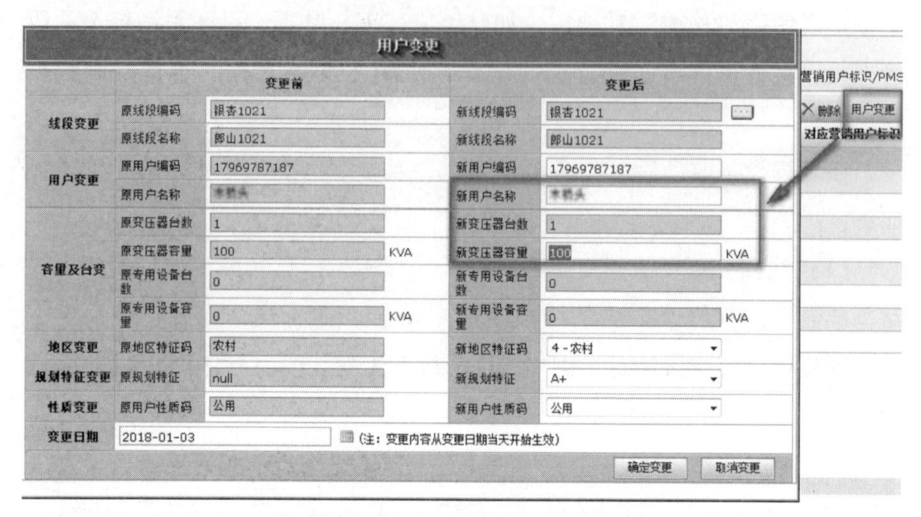

图 3－3　使用用户变更功能进行数据处理界面

（3）修改。主要用于录入的线段或用户错误信息的修改，如图 3－4 所示。

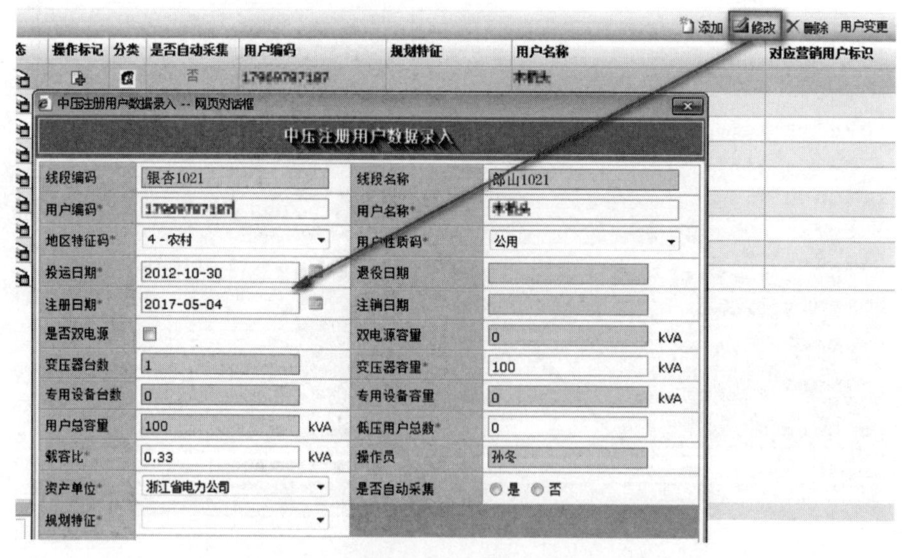

图 3－4　使用修改功能进行数据处理界面

二、用户基础台账误退出

1. 问题描述

在进行用户基础台账退出操作时，误退出了其他用户基础台账。

2. 问题分析

操作人员在进行用户基础台账退出操作时，未仔细核对用户名称、用户编码、线段编码等，造成用户台账的误退出，如图 3－5 所示。

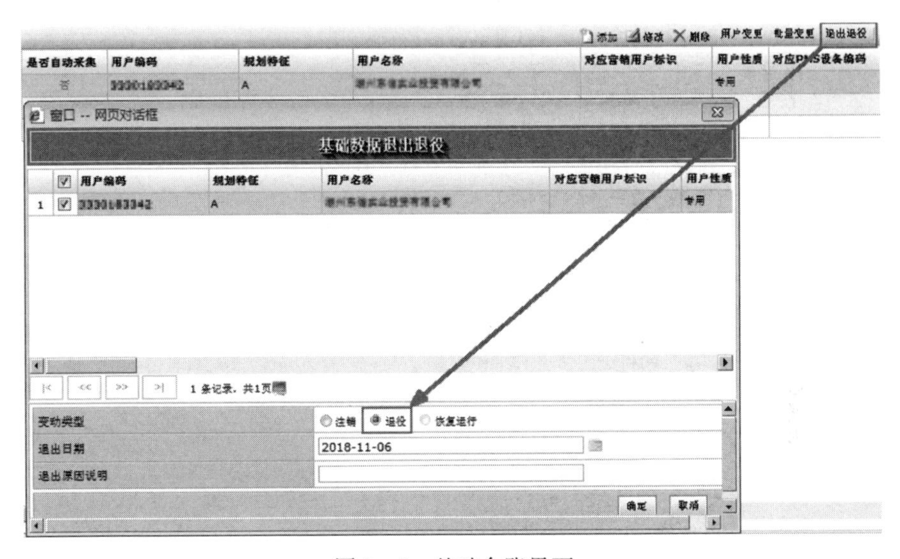

图 3－5　基础台账界面

3. 问题处理

（1）在供电可靠性中压基础数据模块中选择“已退出退役数据”，如图 3－6 所示。

（2）找到需要恢复操作的数据，单击“退出退役”按钮，如图 3－7 所示。

（3）在“变动类型”中选择恢复运行，即可恢复，如图 3－8 所示。

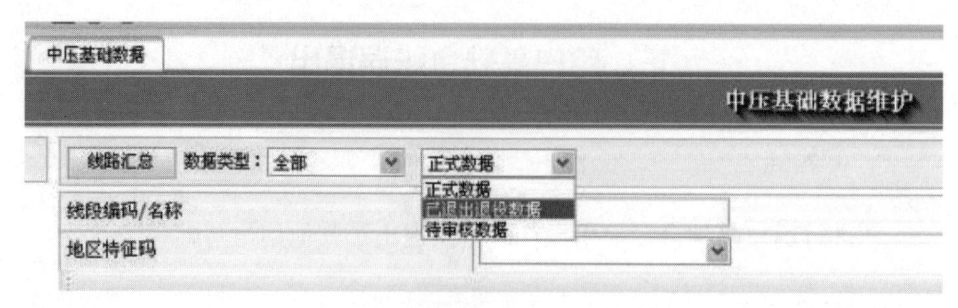

图 3－6　基础数据类型选择界面

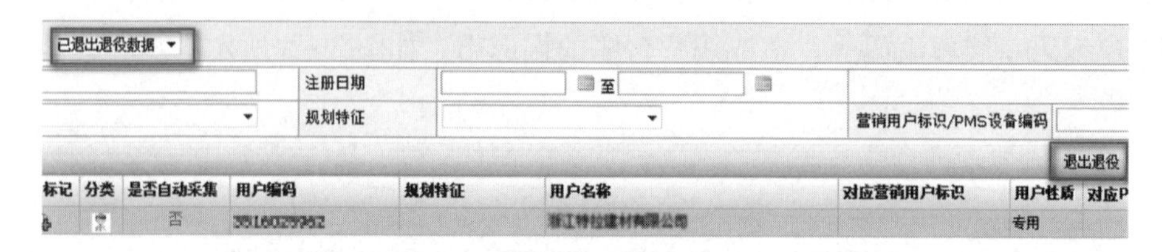

图 3－7　基础数据退出退役界面

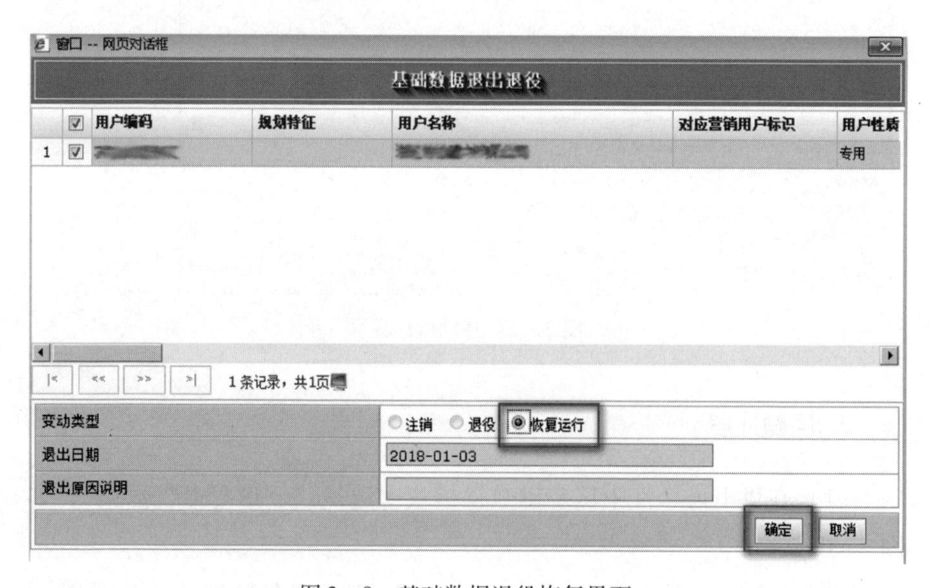

图 3－8　基础数据退役恢复界面

三、用户待确认台账误确认/误忽略

1. 问题描述

由于电能质量在线监测系统中基础数据新增、退出有人工和集成两种方式，穿插使用时可能会出现集成待确认台账误确认、误忽略的情况。

2. 问题分析

由于电能质量在线监测系统中基础数据新增、退运有系统自动集成和人工录入两种方式。由于数据集成至系统时间跨度较长，系统维护人员为了不影响停电事件集成而将该台账在系统中人工录入、删除。当某些数据已通过人工录入方式修改后，若对待确认台账再次进行操作，就会导致待确认台账误确认、误忽略，如图3－9所示。

图3－9 基础台账自动集成重复数据界面

3. 问题处理

对已经人工录入的台账，需要在“供电集成台账维护”中进行忽略操作，如图3－10所示。

图 3－10　待确认数据忽略操作界面

四、公变台账无法集成至各供电所账号

1. 问题描述

数据对应平台自动集成的公变台账全部在市、县公司账号下面，供电所运维人员账号无法进行操作。

2. 问题分析

由于系统自动集成的公变台账“单位名称”字段均为为各地市、县公司，未具体到个供电所，导致无法集成至各供电所，如图 3－11 所示。

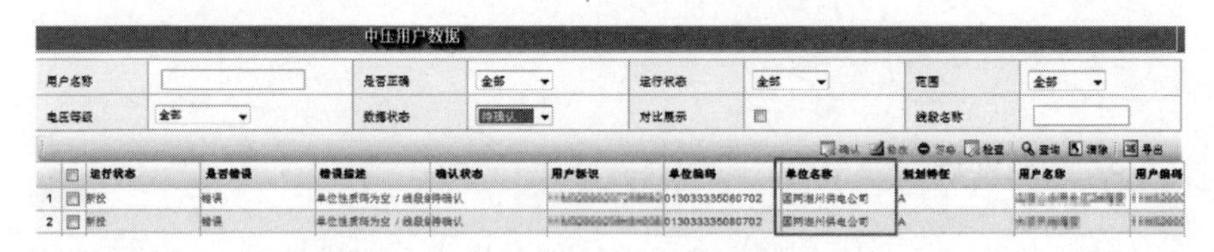

图 3－11　供电所无法查看所属设备界面

3. 问题处理

通过市、县公司账号进行“单位名称”字段修改操作，选中公变台账数据后进行“修改”操作，通过“选择线段”功能将该公变台账划分到某个供电所，这样供电所账号下才能对集成的台账数据进行确认操作，如图 3 – 12 所示。

图 3 – 12　通过线段选择集成供电所界面

五、新增专变台账无法找到用电信息采集系统对应专变台账

1. 问题描述

系统维护人员新增专变台账后，在进行与用电信息采集系统专变台账对应时，无法在系统对应模块中找到相应的用电信息采集系统对应台账。

2. 问题分析

电能质量在线监测系统专变台账、营销系统专变台账全部完成建立并数据推送更新后，才能在电能质量在线监测系统中完成台账对应。如果系统中无法找到用电信息采集系统台账，可能有以下几种原因：

（1）可靠性系统中专变命名与用电信息采集系统命名不一致、用户编码和营销户号不一致，或单位名称不一致，均会导致无法自动对应匹配。

（2）由用电信息采集系统与电能质量在线监测系统对应模块的数据传输问题导致的专变台账丢失。

3. 问题处理

（1）通过电能质量在线监测系统数据对应模块中的模糊查询功能找出用电信息采集系统中相应的专变用户，核实此专变用户的命名、用户编码和单位名称，通过用户“修改”功能修改后再次进行对应。

（2）如电能质量在线监测系统和用电信息采集系统中均已有相应专变用户，且各项台账数据一致，但仍无法查找到用户进行对应，联系项目组对系统数据传输进行后台处理。

六、新增公变台账与 PMS 台账对应，电能质量在线监测系统数据对应模块中无法找到 PMS 对应台账

1. 问题描述

可靠性平台会出现部分数据，新增公变在 PMS2.0 台账中已存在，在可靠性系统中已录入，但电能质量在线监测系统数据对应模块中无法找到 PMS 相应台账，导致数据无法对应。

2. 问题分析

此种问题有以下几种可能：

（1）该公变台账在 PMS2.0 系统中配电变压器的发布状态为“录入”（正常情况下为“发布”）；

（2）PMS2.0 系统台账属性维护错误，将公变维护成专变，资产属性错误；

（3）可靠性系统中公变名称与 PMS2.0 系统中名称不一致，或者运行单位不一致；

（4）PMS2.0 系统与电能质量在线监测系统数据对应模块的数据传输问题。

3. 问题处理

（1）检查 PMS2.0 系统台账是否已发布，若变压器的发布状态为“录入”，需要将流程结束。如果流程结束仍旧是“录入”状态，则将问题提交给项目组要求修改为“发布”；等电能质量在线监测系统数据对应模块的数据同步后，便可在对应界面搜索到该公变，完成对应，如图 3 - 13 所示。

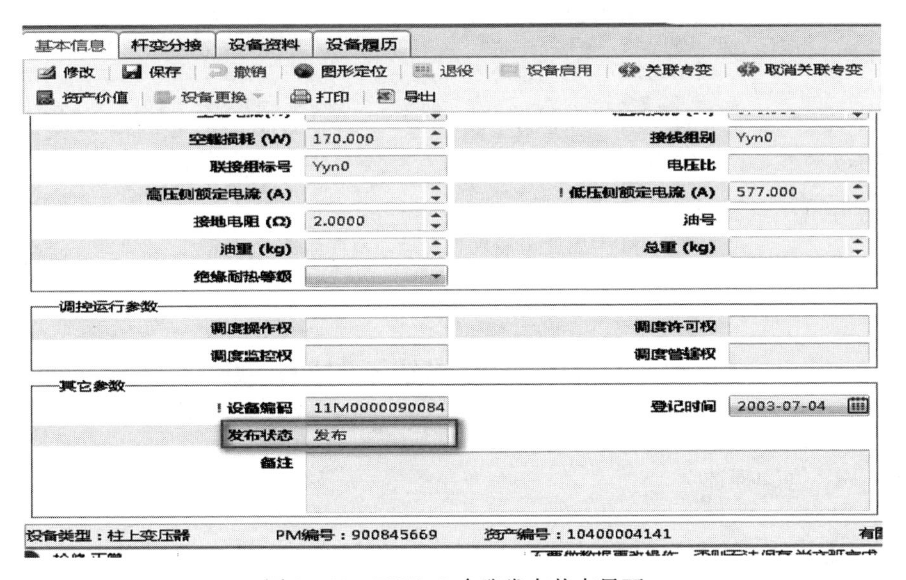

图 3 - 13　PMS2.0 台账发布状态界面

（2）联系 PMS2.0 维护人员将该台账属性更改为公变，资产性质不能为用户，待电能质量在线监测系统数据对应模块数据更新后就可以找到 PMS2.0 台账，如图 3 - 14 所示。

（3）通过电能质量在线监测系统数据对应模块中的模糊查询功能查找 PMS2.0 中相应的公变用户，查找时可以通过减少关键字扩大范围，手工进行对应。

（4）若经由以上步骤依旧无法查到设备进行对应的，则集合数据信息，如设备名称、设备编码、设备维护班组、所属线段等，提交后台进行数据问题处理。

图 3－14　PMS2.0 台账资产性质与使用性质界面

七、线段分段后出现不对应台账

1. 问题描述

电能质量在线监测系统中对线段分段变更之后，线段编码发生变化，线段下的用户会在电能质量在线监测系统数据对应模块中出现不对应台账。

2. 问题分析

线段分段之后，由于线段编码发生变化，线段下用户所在的线段在系统中发生了变化，在电能质量在线监测系统数据对应模块中无法进行识别，原先的对应关系自动解除。

3. 问题处理

每次进行线路分段修改后的第二天，系统维护人员应在电能质量在线监测系统数据对应模块中重新手工对应线段下的台账，对丢失对应关系的用户进行重新对应。

八、单位编码修改后在综合查询中查不到基础数据

1. 问题描述

供电单位编码修改后，在综合查询—基础数据查询中查不到数据，如图3－15所示。

图3－15　供电单位编码修改后无法查看基础数据界面

2. 问题分析

供电单位编码修改后，统计对象未重新生成。

3. 问题处理

在“供电数据管理”下“统计对象维护”中重新生成独立单位项，如图3－16所示。

图 3－16　重新生成独立单位项界面

九、线段下用户名称重复

1. 问题描述

在供电基础数据中同一线段下存在两条用户名称重复的基础台账。同一线段下用户名称相同、编码不同，不属于重复（现系统用户重复判定：同一线段下用户编码相同），如图 3－17 所示。

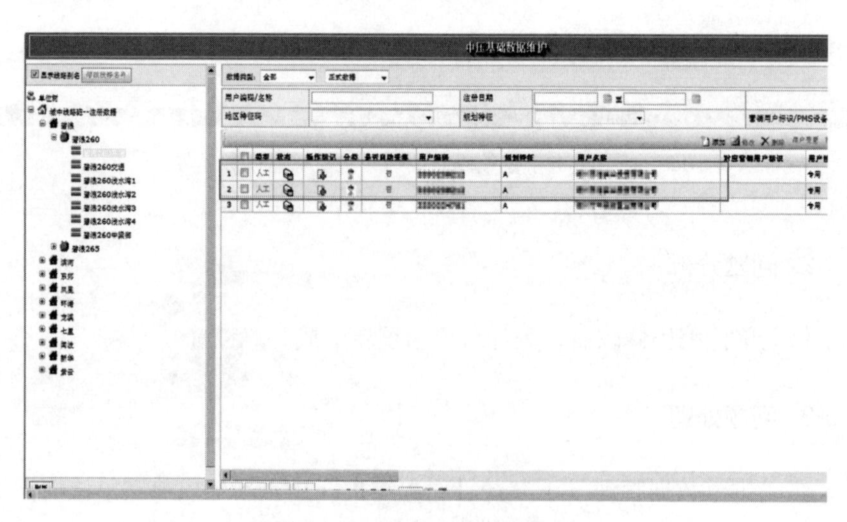

图 3－17　重复基础台账界面

2. 问题分析

系统不允许添加重复的用户编码，但用户名称可以重复。出现此类问题的主要原因是系统出现了两个完全一样的台账或不同用户台账命名相同。

3. 问题处理

核实现场实际情况，如若为台账重复，将其中任意一条退役即可；如若为不同用户，只是重复命名，核实后使用“修改”功能修改用户名称即可，如图 3－18 所示。

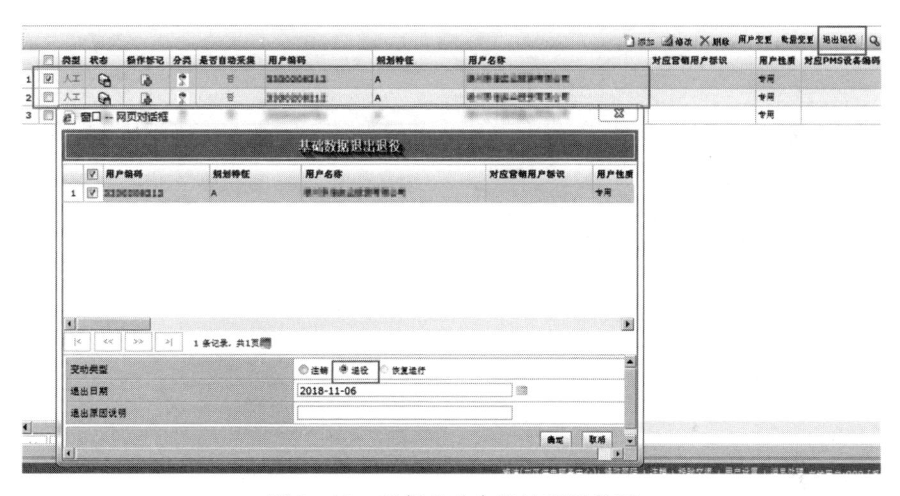

图 3－18　重复基础台账处理后界面

十、供电基础数据一直处于待审核状态

1. 问题描述

供电基础数据整改维护时，修改过的数据通常需要市公司、省公司乃至国家电网公司审核，因此系统中部分台账数据一直处于待审核状态。

2. 问题分析

此类问题的产生主要有如下三个原因：

（1）产生待审核数据后，必须由上一级账号先审批，维护人员未进行审批；

（2）部分数据在上一级审批拒绝后，维护人员没有在待审核数据一栏及时删除待审核数据。

（3）待审核数据既不能进行操作也不在待审核数据筛选中体现，这是因为系统原因而导致待审核数据出现问题。

3. 问题处理

（1）在审批账号内选择待审批数据，取消“对比展示”的勾选。如若没有待审核数据，表明上一级环节已完成审核，如图 3－19 所示。

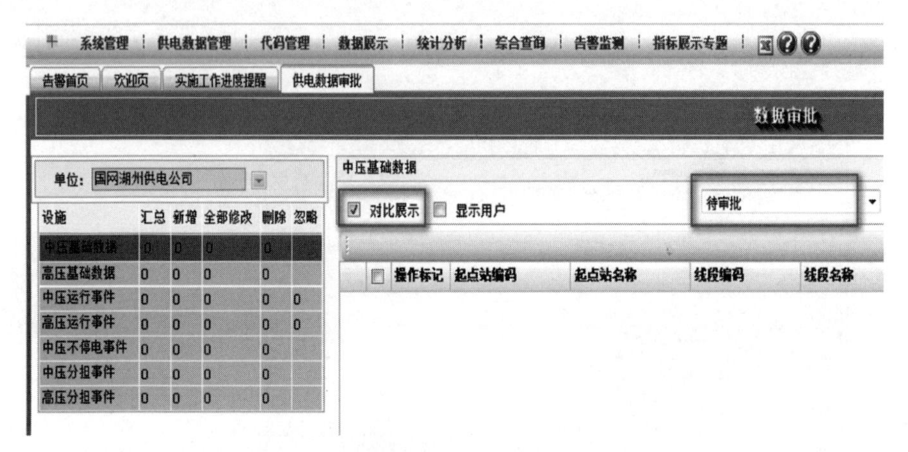

图 3－19　“待审核数据”基础数据界面

（2）进入基层单位基础数据维护界面，如果待审核数据内有数据，且状态显示某环节已拒绝，此时进行数据删除操作，即可恢复正常，如图 3－20所示。

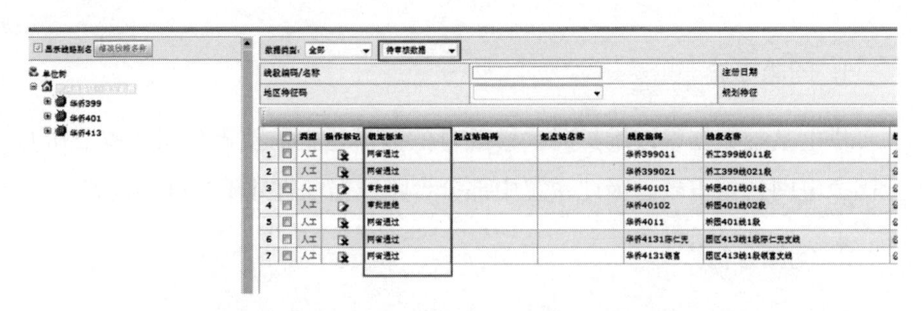

图 3－20　“待审核数据”基础数据维护界面

(3) 对于既不能操作也不在待审核数据内体现的错误数据，收集后统一提交后台处理。

十一、供电单位编码修改保存时提示重复

1. 问题描述

供电单位编码修改保存时提示重复。

2. 问题分析

新增或修改供电单位时，供电单位编码保存时未勾选“质量监督”选项。

3. 问题处理

进入单位代码管理页面查看是否勾选了“质量监督”，勾选后保存即可，如图 3－21 所示。

图 3－21　基础数据单位代码界面

十二、线段下的用户汇总数不正确

1. 问题描述

部分线段可能出现用户汇总数和线段下实际用户数量不一致的情况，如多公变、少专变等。

2. 问题分析

（1）若基础数据线段下的用户汇总数缺少新添加的用户，大多是因电能质量在线监测系统更新不及时导致。

（2）若基础数据线段下的用户汇总数缺少的数据已运行较长时间，大多是因系统逻辑计算错误导致，如图 3 – 22 和图 3 – 23 所示。

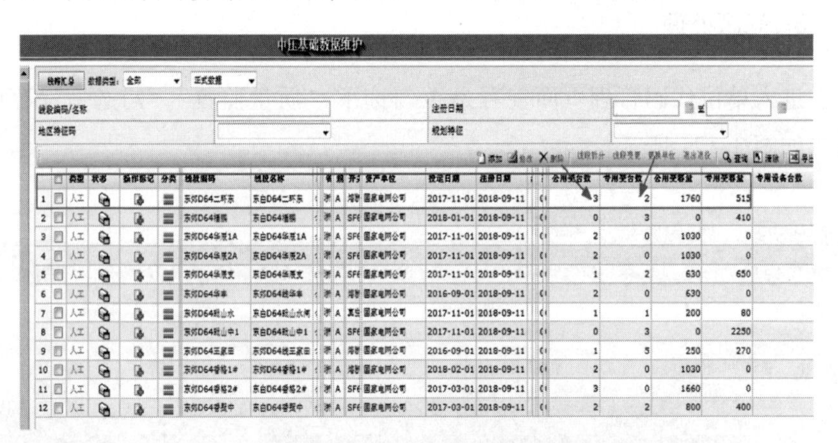

图 3 – 22　基础数据维护界面

图 3 – 23　基础数据界面

3. 问题处理

通过新增用户数据，投运时间填写为当天，保存后再删除，让线段信息重新汇总，即可成功汇总。

十三、基础数据变更到新单位下看不到运行事件

1. 问题描述

基础数据变更到新单位账号下，在新单位账号下无法查看历史运行事件，如图 3－24 所示。

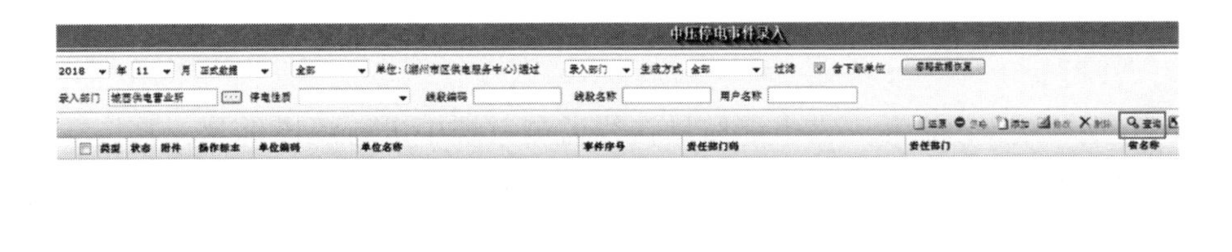

图 3－24　无法查看运行事件界面

2. 问题分析

基础数据变更只是变更基础数据的运行单位，原运行数据形成的运行事件仍保留在原单位，不会变更至新单位。

3. 问题处理

原运行事件在原单位账号下查看，变更日期后产生的新运行事件在新单位账号中操作，如图 3－25 所示。

图 3－25　运行事件变更操作

十四、线段拆分后新线段未分配用户

1. 问题描述

现场线路改造后，在电能质量在线监测系统中进行线段拆分，并将原有用户进行重新分配后某些线段下用户数为零。

2. 问题分析

需要按照可靠性分段要求对原有用户进行重新分配，线段拆分后，应分配用户后再确定拆分，如图 3－26 所示。

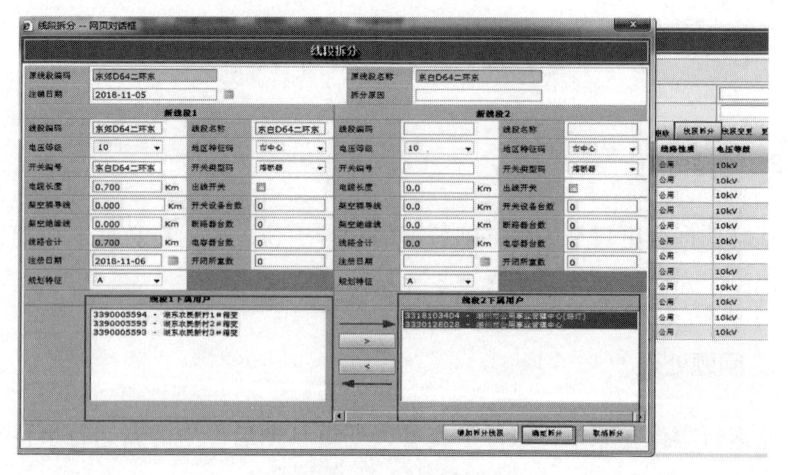

图 3－26　线段拆分界面

3. 问题处理

删除新生成的线段，再使用“恢复运行”功能，先恢复原线段，再将线段下用户恢复，然后重新变更，如图 3－27 所示

图 3－27　恢复已删除线段界面

或者，对原线段用户进行“用户变更”或“批量变更”到新线段。选择需要转移的配电变压器，单选“用户变更”按钮，如图 3－28 所示。

图 3－28　原线段用户变更界面

在“变更后”栏目下选择需要转移的线段，并按实际情况选择“变更日期”，完成变更操作，如图 3－29 所示。

图 3－29　基础数据线段维护界面

十五、系统数据变更操作时“变更日期”填写错误

1. 问题描述

在电能质量在线监测系统中对基础数据进行变更操作时“变更日期”填写错误。例如，草路台区公变 5 月 5 日进行容量增容，但系统中却将变更日期填写为 5 月 2 日，属于变更日期填写错误，如图 3－30 所示。

图 3－30　变更日期填写错误

2. 问题分析

“变更日期”会影响注册日期，“变更日期”是时间节点数据后期发生变化，应准确填写。此问题属于维护人员责任心不强或基础数据不准确。

3. 问题处理

对于系统数据变更操作时“变更日期”填写错误，可使用“修改”功能修改时间。“修改”功能主要用于修改近期录入的线段或用户相关信息中的错误信息。

（1）选中台账使用修改功能，如图 3－31 所示。

数据类型：全部　正式数据

用户编码/名称		注册日期	至	
地区特征码		规划特征		营销用户

添加　修改　删

		类型	状态	操作标记	分类	用户编码	用户名称	对	用户性质	省	地区	是否需对	投运日期	注册日期	注销日期
1	☑	人工				[illegible]	[illegible]		专用	浙	市中	需对应	2018-01-01	2018-11-05	
2	☐	人工				[illegible]	[illegible]		专用	浙	市中	需对应	2018-01-01	2018-09-10	
3	☐	人工				3330224781	[illegible]		专用	浙	市中	需对应	2017-12-07	2018-09-10	

图 3－31　变更日期修改

（2）将日期修改为 11 月 1 日，修改后数据如图 3－32 所示。

添加　修改

操作标记	分类	用户编码	用户名称	对	用户性质	省	地区	是否需对	投运日期	注册日期	注销日期
		[illegible]	[illegible]		专用	浙	市中	需对应	2018-01-01	2018-11-05	

中压注册用户数据录入 -- 网页对话框

中压注册用户数据录入

线段编码	碧浪260京信	线段名称	碧量260京信
用户编码*	[illegible]	用户名称*	[illegible]
地区特征码*	1 - 市中心	用户性质码*	专用
投运日期*	2018-01-01	退役日期	
注册日期*	2018-11-01	注销日期	
是否双电源	☐	双电源容量	0 kVA
变压器台数	1	变压器容量*	500 kVA
专用设备台数	0	专用设备容量	0 kVA
用户总容量	500 kVA	低压用户总数*	0
载容比*	0.33 kVA	操作员	施洁
资产单位*	国家电网公司	是否自动采集	○是 ◉否
规划特征*	A		
用户描述			

☑ 启用携带　携带设置

图 3－32　变更日期修改界面

（3）完成“变更日期”填写错误的更正工作。

十六、中压基础用户数据修改后导致整条线段处于待审核状态

1. 问题描述

当系统维护人员进行基础数据操作时，在中压基础用户维护时间与修改选择的时间超过规定时间后会出现整条线段均处于待审核状态。

2. 问题分析

由于工作资料移交延迟、工作人员疏忽等原因。系统维护人员对中压基础用户进行修改后，超过规定期限的会生成待审核数据，需要上级单位审批。

3. 问题处理

由上级单位对修改的线段进行审批，选择“同意”或“拒绝”。如果审批结果为拒绝，可以直接在待审核记录中对数据进行修改，或者删除待审核记录并还原为审批前的状态；对于集成的数据，则需删除待审核记录并还原为原始状态，再继续对数据进行下一步操作。

十七、可靠性台账修改存在系统更新延迟

1. 问题描述

中压可靠性台账修改之后，服务器非实时进行数据推送，系统中可能出现更新延迟问题。此外，有些台账内容修改后，会生成待审核数据。需审核完成后，系统中数据才会更新，如图 3－33 所示。

图 3－33　待审核数据

2. 问题分析

（1）修改台账后生成待审核数据，未审批完成；

（2）修改台账后审批完成，后台数据未同步到服务器。

3. 问题处理

（1）等待上级审批人员完成审批，如图 3－34 所示。

图 3－34　待审核数据的审批

（2）联系项目组更新数据。

十八、待审核数据无法查看审批进度

1. 问题描述

待审核数据停电事件、停电线段处锁定标志只显示携带审批，未显示审批进度，如图 3－35 所示。

类型	附件	操作标志	锁定标志	单位编码	单位名称
集成			携带审批	013033335050901	奉东供电所

图 3－35　锁定标志显示携带审批

2. 问题分析

停电事件、线段的基础是由停电用户构成的，故停电用户处显示审批进度。

3. 问题处理

选择停电用户界面，就可以查看审批进度，如图 3－36 所示。

图 3－36　审批进度界面

十九、电能质量在线监测系统存有垃圾数据

1. 问题描述

在电能质量在线监测系统中的“对应模块”做数据对应时，输入用户名称关键字查找，发现有两条名字相同或高度相似用户数据。经现场确认仅有一个用户，而可靠性系统中中压基础数据维护对应的线段下却仅有一个用户。

2. 问题分析

出现这一现象往往是因为线段、用户变更或退役操作时，未按规范流程操作从而产生垃圾数据。若进行用户退役操作时误用删除操作，会导致线段下无用户，其实用户仍然存在；或者进行整条线段退役操作时，线段下的用户未退役等，会导致用户留下垃圾数据。

3. 问题处理

在可靠性系统中的中压基础数据维护里，到相应的单位下随便打开一个线段，然后通过名称关键字查找，就能找到所有在线段下或不在线段下（隐藏）用户的台账数据。双击可以查看每个台账的具体信息，把垃圾数据进行退役处理即可，如图 3－37 所示。

图 3－37 在中压基础数据处理里的名称关键字查询界面

第四章

供电运行数据篇

一、待确认数据跨月漏维护

1. 问题描述

集成运行数据较多，且当前系统数据集成通道存在延时，每到月初维护时会出现上月数据漏维护情况。如6月初查询待确认数据时，5月份仍存在待确认数据，如图4－1所示。

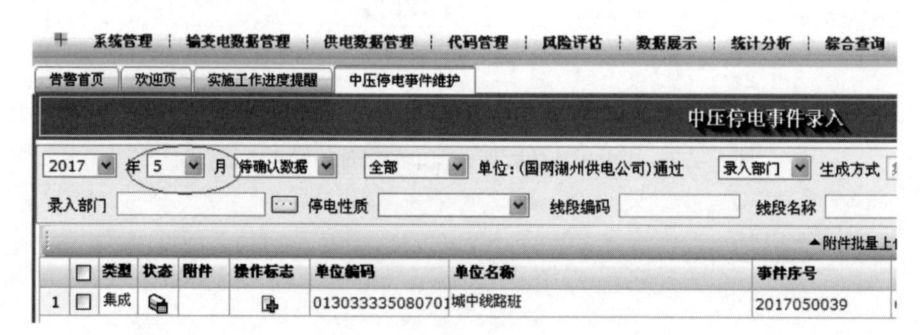

图4－1　5月待确认数据（上传时间为6月）

2. 问题分析

由于电能质量在线监测系统中待确认数据是按照停电时间来统计的，系统上传时间较停电时间有所延后（如遇系统集成通道有问题时，延后时间可达数日），所以会造成每月初维护时会出现上月待确认数据。

3. 问题处理

月初在维护停电事件时，要选择全年数据来查询待确认数据，避免漏维护情况发生，如图4－2所示。

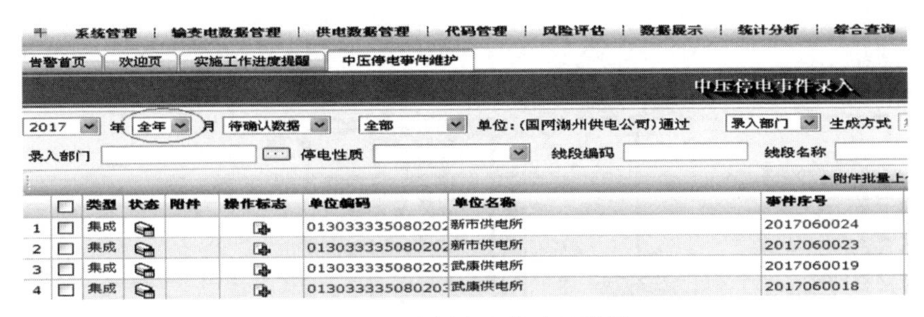

图4－2　选择全年待确认数据

二、停电事件集成异常问题

1. 问题描述

在供电停电事件运维过程中，会出现实际发生的停电事件在系统中未集成、集成错误、线段或用户集成不全等异常情况，如图4－3所示。

供电运行　供电台账

2017-06-01　2017-06-14　查询

	原始数据量	省公司上传数据量	总部纵向接入数据量	处理成功数据量	待确认数据量	已确认数据量	忽略数据量	业务逻辑异常数据量
1	0	0	0	0	0	0	0	0
2	0	3736	3736	3622	4	3616	0	10

图4－3　事件集成过程中出现异常数据

2. 问题分析

由于供电事件的集成是一个复杂过程，其中影响因素很多，从台账对应到数据传输，再到电能质量在线监测系统逻辑判断，任何一个环节出现问题都会影响最终事件的集成效果，如图4－4和表4－1所示。

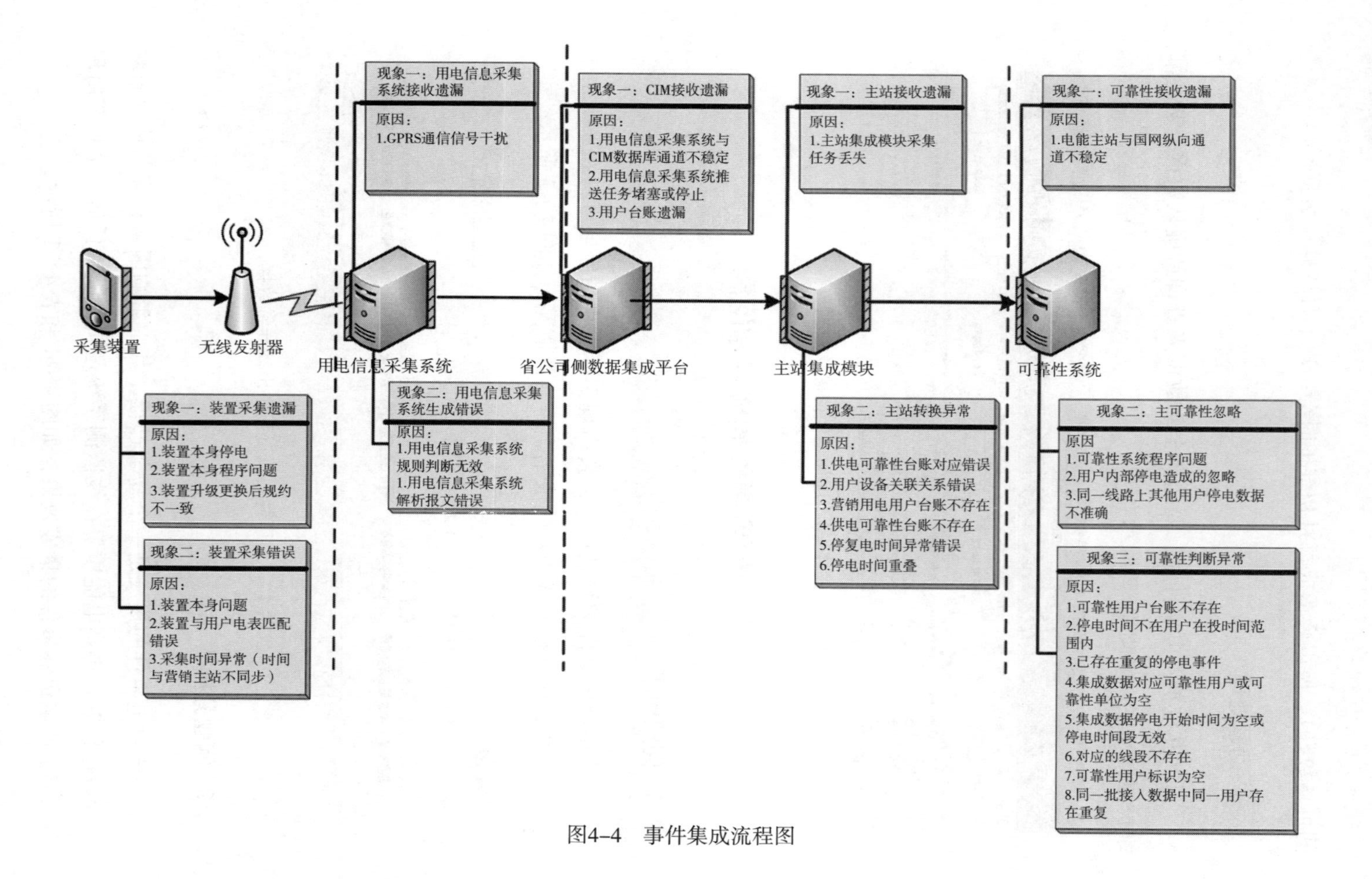
采集装置
无线发射器
用电信息采集系统
省公司侧数据集成平台
主站集成模块
可靠性系统
现象一：装置采集遗漏
原因：
1.装置本身停电
2.装置本身程序问题
3.装置升级更换后规约不一致
现象二：装置采集错误
原因：
1.装置本身问题
2.装置与用户电表匹配错误
3.采集时间异常（时间与营销主站不同步）
现象一：用电信息采集系统接收遗漏
原因：
1.GPRS通信信号干扰
现象二：用电信息采集系统生成错误
原因：
1.用电信息采集系统规则判断无效
1.用电信息采集系统解析报文错误
现象一：CIM接收遗漏
原因：
1.用电信息采集系统与CIM数据库通道不稳定
2.用电信息采集系统推送任务堵塞或停止
3.用户台账遗漏
现象一：主站接收遗漏
原因：
1.主站集成模块采集任务丢失
现象二：主站转换异常
原因：
1.供电可靠性台账对应错误
2.用户设备关联关系错误
3.营销用电用户台账不存在
4.供电可靠性台账不存在
5.停复电时间异常错误
6.停电时间重叠
现象一：可靠性接收遗漏
原因：
1.电能主站与国网纵向通道不稳定
现象二：主可靠性忽略
原因
1.可靠性系统程序问题
2.用户内部停电造成的忽略
3.同一线路上其他用户停电数据不准确
现象三：可靠性判断异常
原因：
1.可靠性用户台账不存在
2.停电时间不在用户在投时间范围内
3.已存在重复的停电事件
4.集成数据对应可靠性用户或可靠性单位为空
5.集成数据停电开始时间为空或停电时间段无效
6.对应的线段不存在
7.可靠性用户标识为空
8.同一批接入数据中同一用户存在重复

图4–4　事件集成流程图

表 4-1 数据异常分类

异常分类	供电可靠性停电事件集成异常问题
停电时间异常	存在停电时间重叠事件
	同一批接入数据中同一用户存在重复
	同一批接入数据中同一用户存在时间重复
	该采集设备的送电时间小于等于停电开始时间
	该分组最大停电开始时间大于最小停电送电时间
	停电时间不在用户在投时间范围
	集成数据停电开始时间为空
	集成数据停电时间段无效
数据重复	已存在重复的可靠性事件，且该事件已上传总部
对应关系问题	该采集设备存在对应关系，无可靠性系统用户对应
	该采集设备关联的用电信息采集系统用户未与可靠性系统用户对应
对应关系问题	用户台账不存在、用户台账已退役注销
	集成数据对应可靠性用户为空
	可靠性单位编码无效
	对应的线段不存在
	可靠性用户标识（即关联用电信息采集系统用户的户号）为空
	该采集设备关联的用电信息采集系统用户不存在
	该采集设备在用户设备关联信息表中查不到记录

3. 问题处理

（1）在电能质量在线监测系统“集成数据明细查询”模块中核查是否有该停电事件，若该事件状态为“未转换”或“暂缓”，则需等待；若该事件为异常数据，则根据转换异常原因进行分析；若无该事件，则进入下一步核查，如图 4－5 所示。

图 4－5 集成数据明细查询中核查是否有该停电事件

（2）在电能质量在线监测系统对应模块中核查“中压用户停电事件台账”情况，如有该事件，则提交项目组进行核查；若无该事件，则进入下一步核查，如图4－6所示。

（3）在电能质量在线监测系统对应模块中进入“数据对应”界面，核查电能质量在线监测系统、PMS2.0、用电信息采集系统的配电变压器台账对应情况。若无对应关系，核查源系统（电能质量在线监测系统、PMS2.0台账、营销系统）台账情况，如有则提交项目组更新台账数据库，如图4－7所示。

图4－6　核查“中压用户停电事件台账”情况

图4－7　核查台账对应情况

（4）在用电信息采集系统中核查该配电变压器停复电记录是否成对，如有成对记录，则提交营销部核查未送出原因；如无记录或记录未成对，则进入下一步核查，如图4－8所示。

图4－8　核查用电信息采集系统

（5）在用电信息采集系统中核查用户设备关联信息表中终端台账数据是否与现场对应一致，如未对应，则提交营销部核查；如已对应，则进入下一步核查，如图4－9所示。

图4－9　核查用户设备关联信息表

（6）核查用电数据采集系统终端运行工况，如存在终端电池故障、通信故障、终端异常、停复电告警未开启等情况，则提交运检部进行终端维修或调换，如图 4－10 所示。

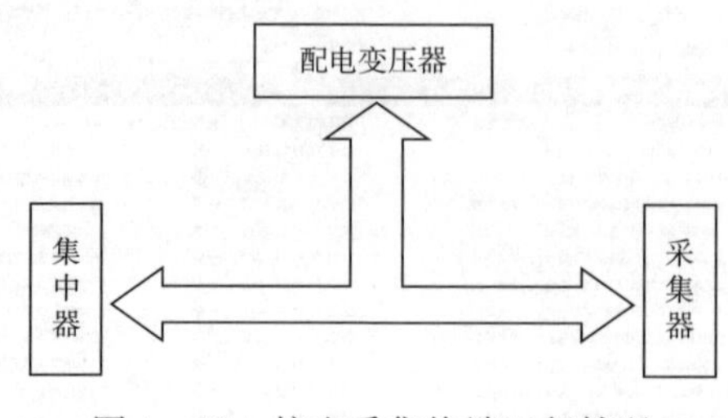

图 4－10　核查采集终端运行情况

三、停电事件维护内容不清

1. 问题描述

供电停电事件核查时，存在责任原因、停电性质、技术原因等维护不准确问题。

2. 问题分析

在处理待确认数据时，未正确选择责任原因、停电设备和技术原因，直接保存了待确认数据，造成停电事件责任原因不清或停电性质、技术原因维护不准确，如图所示 4－11 所示。

3. 问题处理

（1）在该单位的正式数据中找到该停电事件，选中该事件，点击还原再进行修改，如图 4－12 所示。

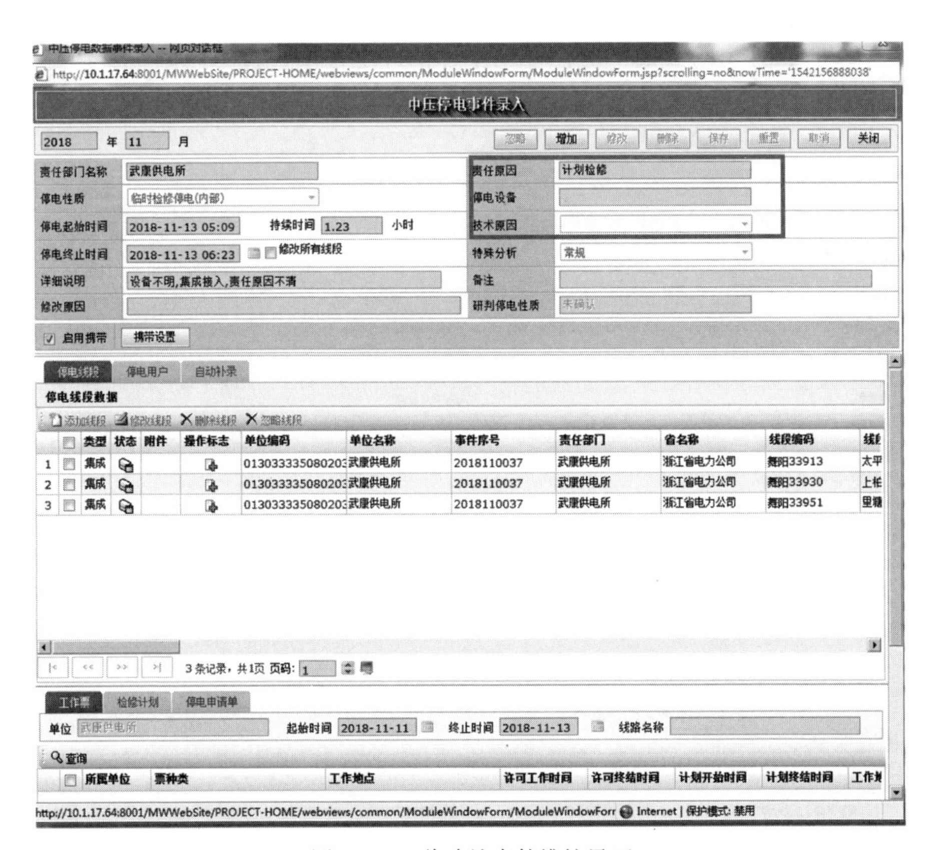

图 4－11　待确认事件维护界面

图 4－12　正式事件列表

（2）在弹出的界面中对该停电事件的停电性质、技术原因重新选择，完成后保存该停电事件，如图 4－13 所示。

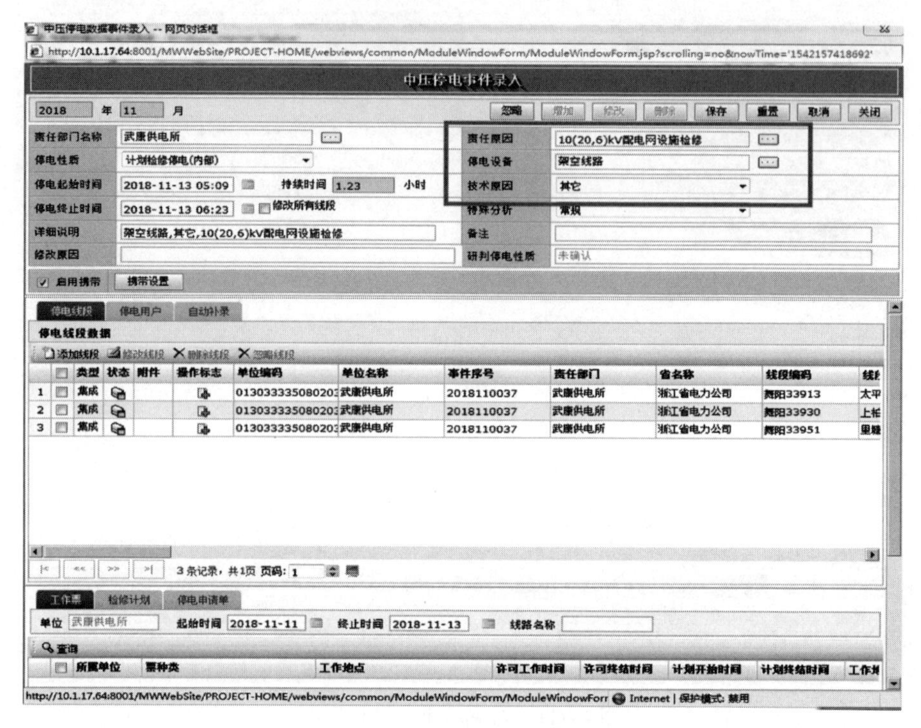

图 4－13 对停电事件内容重新维护

四、停电事件误忽略

1. 问题描述

维护人员在待确认数据核实和维护过程中，将确实发生停电的事件进行忽略处理。

2. 问题分析

维护人员在待确认数据核实和维护过程中，未仔细核对停电事件集成的准确性，将确实发生的停电事件误认为现场未发生停电而将停电事件做了忽略处理。

3. 问题处理

（1）在该单位的停电事件维护界面找到“忽略数据恢复”按钮并单击进入，如图 4－14 所示。

2017 年 8 月 正式数据 全部 单位：(城北供电所)通过 录入部门 生成方式 集成接入 过滤 ☑含下级单位 忽略数据恢复

录入部门 停电性质 线段编码 线段名称 用户名称

还原 忽略 添加 修改 删除 查询 清除 导出

		类型	状态	附件	操作标志	单位编码	单位名称	事件序号	责任部门码	责任部门
1	□	集成				013033335080302	城北供电所	2017080025	013033335080302	城北供电所
2	□	集成				013033335080302	城北供电所	2017080024	013033335080302	城北供电所
3	□	集成				013033335080302	城北供电所	2017080010	013033335080302	城北供电所
4	□	集成				013033335080302	城北供电所	2017080009	013033335080302	城北供电所
5	□	集成				013033335080302	城北供电所	2017080008	013033335080302	城北供电所

图 4－14　正式事件列表

（2）进入忽略运行数据维护界面后单击条件选择，在条件选择中选择该误忽略事件的时间并查询，如图 4－15 所示。

图 4－15　忽略事件查询界面

（3）在查询后出现的忽略事件中找到误忽略事件，再单击“数据恢复”按钮。如果是多条误忽略事件，可以一起选中再批量恢复，如图 4－16 所示。

中压忽略运行数据

□显示停电事件 □显示停电线段 注：查询起始日期须晚于归档截止日期:2014-01-01 00:00:00,查询停电用户时修改和恢复功能可用

附件批量上传 修改 批量修改 数据恢复 批量恢复 条件选择 导出

		类型	忽略方式	单位名称	单位编码	事件序号	责任部门	省名称	线段编码	线段名称
1	☑	国网审批通过	人工	虹溪供电所	01303333508030	2017040026	虹溪供电所	浙江省电力公司	包桥6081	码头6081
2	□	国网审批通过	人工	虹溪供电所	01303333508030	2017050032	虹溪供电所	浙江省电力公司	虹星17031	龙江1703
3	□	国网审批通过	人工	虹溪供电所	01303333508030	2017040004	虹溪供电所	浙江省电力公司	虹星1761	龙川1761

图 4－16　已忽略事件列表

（4）对误忽略事件进行恢复，即在待确认数据中找到该条数据，重新进行确认维护即可，如图 4 – 17 所示。

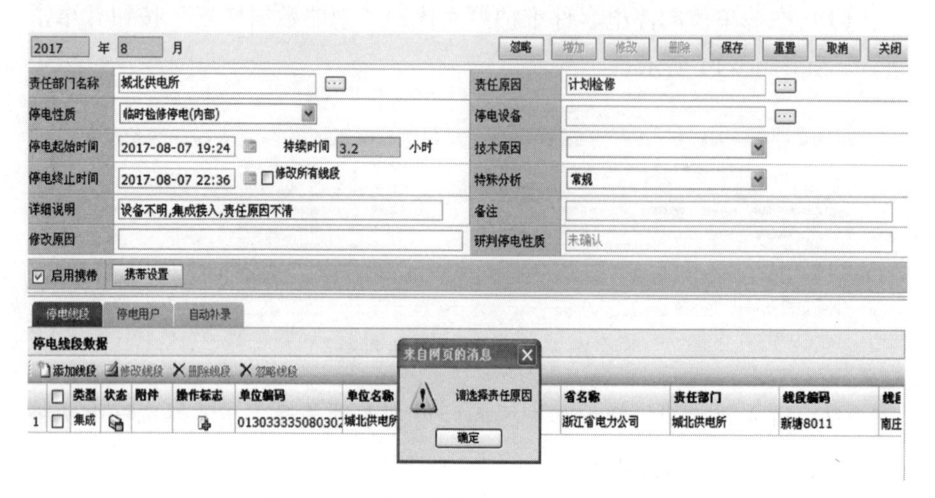

图 4 – 17　忽略事件恢复为待确认事件

五、本月未发生重复停电，但系统显示产生重复停电数据

1. 问题描述

电能质量在线监测系统运行数据准确率中有重复停电数据，其中会出现停电时间重合的情况，实际只有两条停电事件的会被集成为 3 条，并作为重复停电数据出现，影响运行数据准确率指标。

2. 问题分析

产生此类问题的原因是后台集成停电事件时存在时间点重复问题，且系统定时汇总时出现差错，导致指标出现问题。

3. 问题处理

（1）查看电能质量在线监测系统，在重复停电数据明细中点击查看具体数据清单，明确停电时间序号。

（2）在电能质量在线监测系统中查找到相应停电事件，分析是否存在集成问题。查看系统发现在该重复停电采集时间点内，系统出现集成故障，对其中一条数据进行确认，另一条进行忽略，如图4－18 所示。

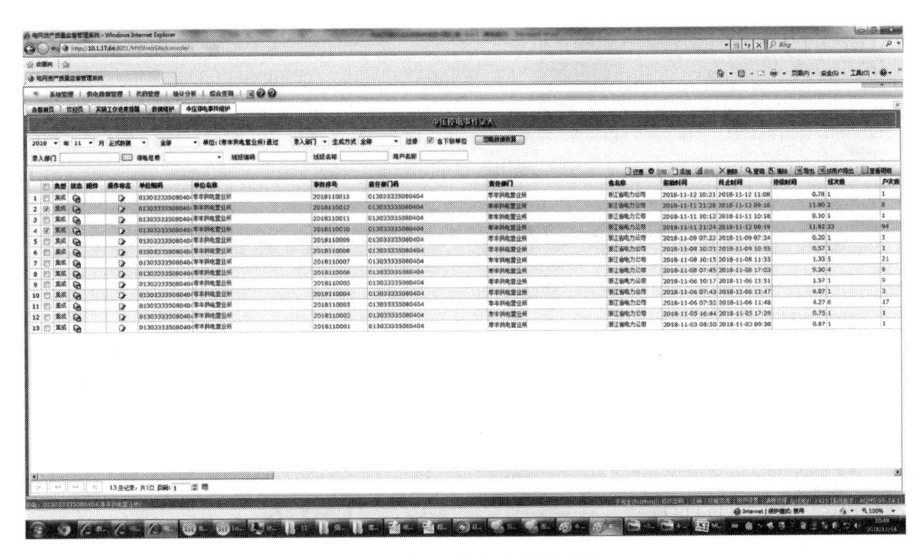

图 4－18 停电事件截图

六、运行数据录入时无法选择用户

1. 问题描述

日常运行数据维护时，由于部分停电事件没有准确上传，往往需要将停电事件手工录入，录入时无法选择停电用户。

2. 问题分析

产生此类问题的原因是停电事件产生环节出现滞后，判断停电事件是否最终上传的时间会很长。如果期间对该停电事件下的用户台账做过整改，可能会出现修改台账注册时间的情况。例如，停电事件发生在 1 日，修改台账发生在 7 日，15 日录入 1 日的停电事件，系统判定用户注册日期是 7 日，因此选不到对应的用户。

3. 问题处理

在电能质量在线监测系统中进行基础数据修改，将注册日期按现场实际在进行维护，如图 4－19 所示。

图 4－19　基础数据修改

七、已确认的中压停电事件重新显示待确认事件

1. 问题描述

日常运行数据维护时，会经常出现已经维护的停电事件重新变成待确认事件。

2. 问题分析

产生此类问题的原因是该停电事件第一次上传时，并没有把该线路或线段下所有停电用户停电事件全部集成，只上传一部分停电用户。确认后，该停电线路或线路下其他用户的停电事件因停电事件转换过程不确定，中间间隔时间可能较长，导致该停电事件又恢复为待确认。

3. 问题处理

及时确认重新上传的停电事件既可，不影响已经确认的停电用户的及时性，如图4－20所示。

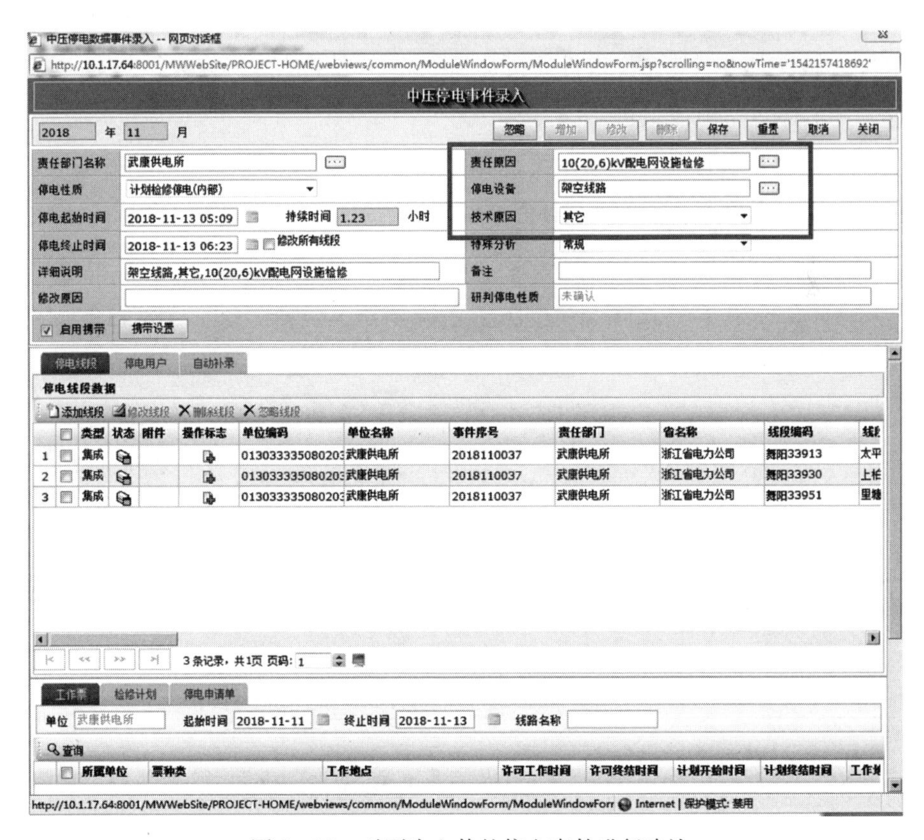

图4－20 对再次上传的停电事件进行确认

八、已忽略的事件未同步上传忽略申请报告

1. 问题描述

对集成的停电事件未上传正确的申请报告就进行了忽略操作。

2. 问题分析

对集成的需要进行忽略操作的停电事件，在忽略操作时未上传正确的申请报告就进行确认提交，导致忽略报告缺失。

3. 问题处理

上级单位对忽略事件进行审批拒绝，退回后重新忽略并上传忽略申请报告。如果忽略事件已经审批通过，需要将忽略事件进行恢复，然后重新忽略并上传忽略申请报告。

（1）在该单位的停电事件维护界面单击“忽略数据恢复”按钮，进入正式事件列表界面，如图 4－21 所示。

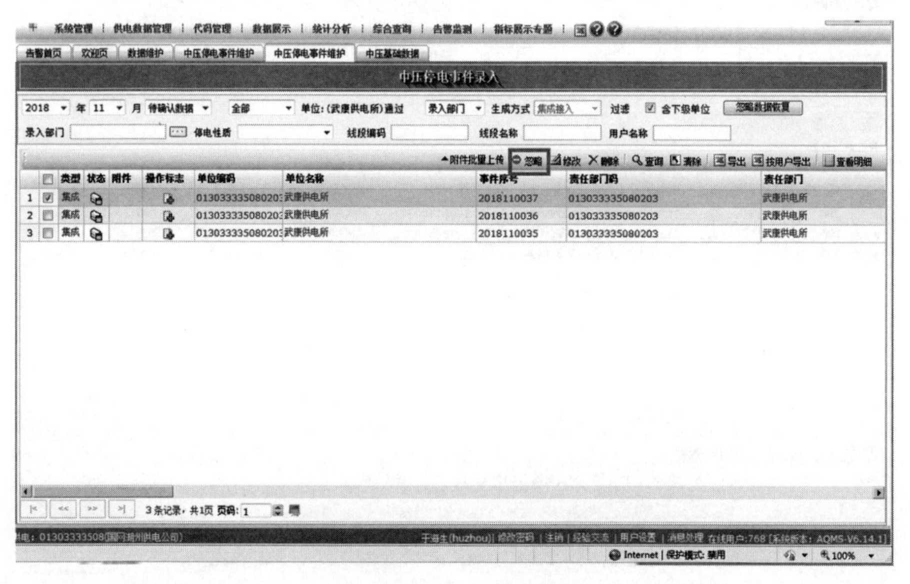

图 4－21　正式事件列表

（2）进入忽略运行数据维护界面后单击“条件选择”按钮，在条件选择中选择该误忽略事件的时间并查询，如图 4－22 所示。

（3）在出现的忽略事件中找到误忽略事件，再单击“数据恢复”按钮。如果是多条误忽略事件，可以一起选中再批量恢复，如图 4－23 所示。

（4）按要求对需忽略事件上传忽略申请报告及相关附件。

图 4－22　忽略事件查询界面

中压忽略运行数据

中压停电用户数据　□显示停电事件　□显示停电线段　注：查询起始日期须晚于归档截止日期:2014-01-01 00:00:00,查询停电用户时修改和恢复功能可用

附件批量上传　修改　批量修改　数据恢复　批量恢复　条件选择　导出

	类型	忽略方式	单位名称	单位编码	事件序号	责任部门	省名称	线段编码	线段名称
1	国网审批通过	人工	虹溪供电所	013033335080306	2017040026	虹溪供电所	浙江省电力公司	包桥6081	码头6081
2	国网审批通过	人工	虹溪供电所	013033335080306	2017050032	虹溪供电所	浙江省电力公司	虹星17031	北江1703
3	国网审批通过	人工	虹溪供电所	013033335080306	2017040004	虹溪供电所	浙江省电力公司	虹星1761	龙从1761

图 4－23　已忽略事件列表

九、修改停电事件后一直处于待审核状态

1. 问题描述

修改停电事件后一直处于待审核状态，如图 4－24 所示。

图 4－24　数据修改后为待审核数据

2. 问题分析

运行事件进行修改后，若超过规定期限就会生成待审核数据，需要上

级单位审批。

3. 问题处理

由上级单位对修改的事件进行审批。如果审批拒绝，可以直接在待审核记录中对数据进行修改或者删除待审核记录并还原为审批前的状态；对于集成的数据，则需删除待审核记录并还原为原始状态，再继续对数据进行下一步操作。

十、待审核数据已被地市审核通过时如何修改

1. 问题描述

待审核数据已被地市公司审核通过，如何修改？

2. 问题分析

一般情况下地市公司锁定 15 天，省公司锁定 30 天，国家电网公司锁定 45 天。根据不同时间的审批要求，由相应单位进行审批。

3. 问题处理

已审批结束的流程，不可审批退回。未完全通过的流程，可以联系上一级单位审批拒绝。审批拒绝后，在待审核数据中查询，将该数据删除即可；再继续对数据进行下一步操作，如图 4－25 所示。

注意：将“含下级单位”“是否上传附件”这两个√去掉。

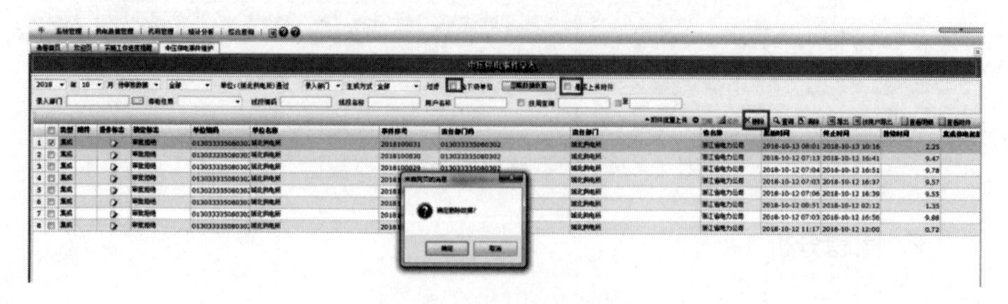

图 4－25　待审核数据处理

十一、停电事件停电用户采集不全

1. 问题描述

在集成的停电事件中，存在着对应的停电用户，然而由于系统采集或者上传缺失等原因，造成实际停电用户与集成的停电事件中的用户不一致，导致供电停电事件停电用户采集不全问题，如图 4 – 26 和图 4 – 27 所示。

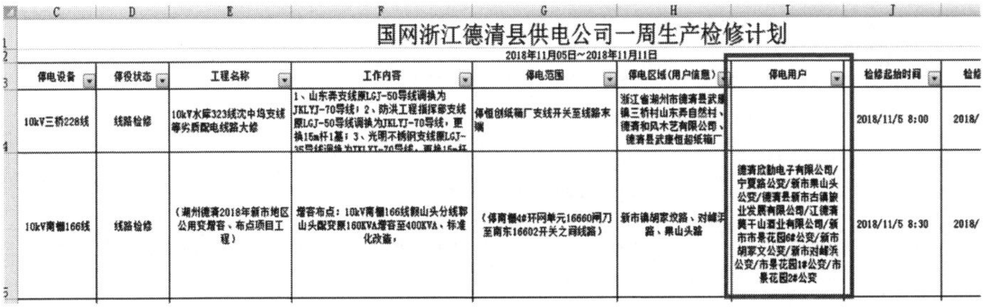

国网浙江德清县供电公司一周生产检修计划

2018年11月05日~2018年11月11日

停电设备	停役状态	工程名称	工作内容	停电范围	停电区域(用户信息)	停电用户	检修起始时间	检修
10kV三桥228线	线路检修	10kV水库323线沈中坞支线等劣质配电线路大修	1、山东弄支线原LGJ-50导线调换为JKLYJ-70导线；2、防洪工程指挥部支线原LGJ-50导线调换为JKLYJ-70导线，更换15m杆1基；3、光明不锈钢支线原LGJ-[illegible]	停恒创纸箱厂支线开关至线路末端	浙江省湖州市德清县武康镇三桥村山东弄自然村、德清和风木艺有限公司、德清县武康恒超纸箱厂		2018/11/5 8:00	2018/
10kV南棚166线	线路检修	（湖州德清2018年新市地区公用变增容、布点项目工程）	增容布点：10kV南棚166线郭山头分线郭山头配变原160KVA增容至400KVA、标准化改造，	（停南棚4#环网单元16660闸刀至南东16602开关之间线路）	新市镇胡家坟路、对峰浜路、果山头路	德清应勤电子有限公司/宁夏路公变/新市果山头公变/德清县新市古镇旅业发展有限公司/江德清莫干山酒业有限公司/新市市景花园6#公变/新市胡家文公变/新市对峰浜公变/市景花园1#公变/市景花园2#公变	2018/11/5 8:30	2018/

图 4 – 26 停电计划中用户数

2. 问题分析

电能质量在线监测系统集成的停电事件中，停电用户与实际现场停电的用户要保持完全一致，若存在用户采集未成功或者电能质量在线监测系统集成异常，就会导致停电用户无法确认。

3. 问题处理

在“中压运行数据查询”中导出所有的计划停电，对照生产计划及其停电用户，对存在缺失的用户进行添加，如图 4 – 28 所示。

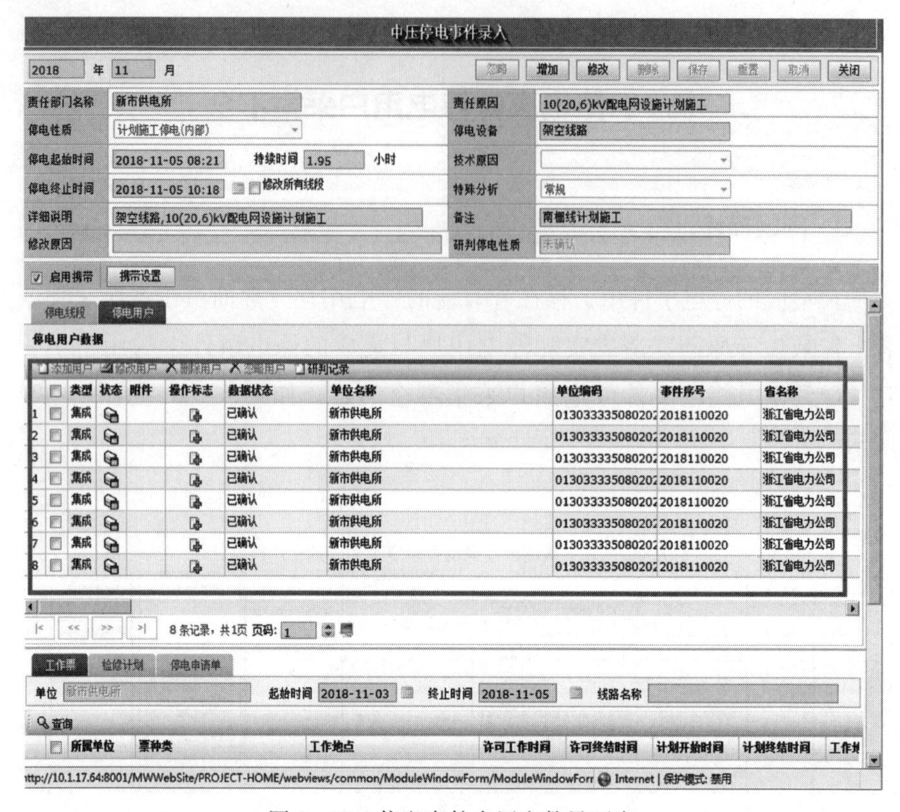

图 4－27　停电事件中用户数量不全

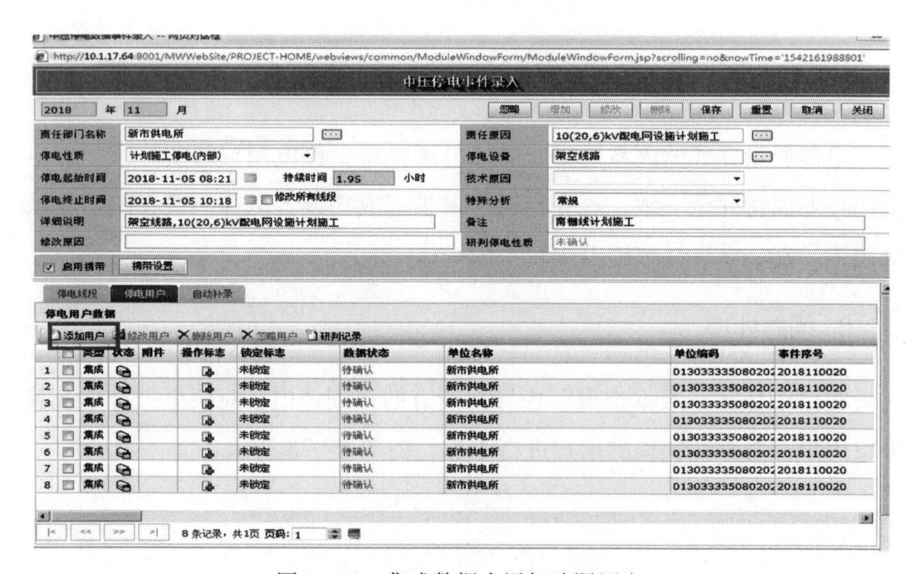

图 4－28　集成数据中添加遗漏用户

十二、待确认中压停电事件无法维护

1. 问题说明

待确认的中压停电事件无法进行维护，如图 4－29 所示。

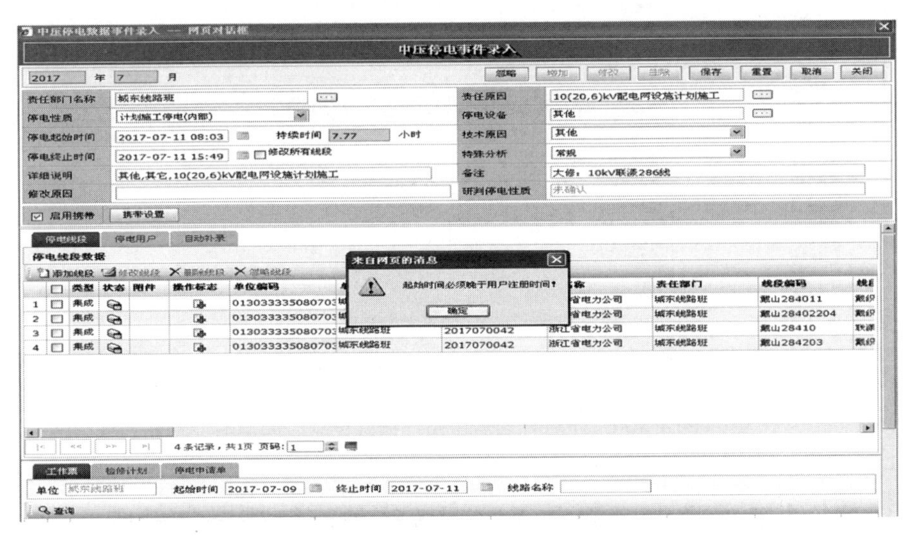

图 4－29　停电事件无法确认

2. 问题分析

停电事件根据中压用户对应关系传送至电能质量在线监测系统，在传送过程中，若中压台账进行变更，则会造成电能质量在线监测系统中停电事件无法正常确认。

3. 问题处理

在中压基础数据中对该用户进行用户变更操作，修改用户的注册日期，确保该日期在停电事件发生之前。若在修改过程中生成待审核数据，及时联系上级单位对修改的用户进行审批，如图 4－30 所示。

图 4－30　注册日期需按用户初次投运时间填写

十三、电能质量在线监测系统首页显示运行数据待确认量不准确

1. 问题描述

电能质量在线监测系统维护人员每日登录系统进行集成运行数据确认时，发现系统首页显示的集成运行数据的待确认量与中压停电事件维护模块中的数据不一致，有时首页待确认无数据，但是中压停电事件维护模块中已有待确认数据集成，误导维护人员认为今天没有数据，发生确认超时的情况，如图 4－31 所示。

2. 问题分析

由于系统首页显示的数据量（个数显示）是系统的定时汇总，非实时性更新汇总，所以会出现不一致的情况。数据维护确认时，应以中压停电

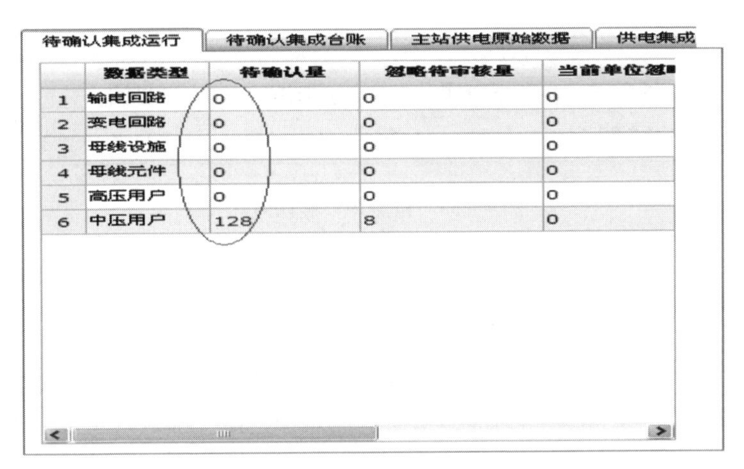

待确认集成运行 | 待确认集成台账 | 主站供电原始数据 | 供电集成

	数据类型	待确认量	忽略待审核量	当前单位忽
1	输电回路	0	0	0
2	变电回路	0	0	0
3	母线设施	0	0	0
4	母线元件	0	0	0
5	高压用户	0	0	0
6	中压用户	128	8	0

图 4－31　首页显示待确认数据

事件维护模块中所需维护的具体条数为准并进行维护。

3. 问题处理

电能质量在线监测系统运维人员每日在进行集成运行事件维护时，要直接进入中压停电事件维护模块中查询是否集成待确认运行事件，避免因为漏查询而引起确认超时情况发生。

十四、停电事件确认时间与停电用户确认时间不一致

1. 问题描述

个别停电用户确认时间与停电事件确认时间不一致，例如：6 月 16 日 14:10 集成的停电用户眠牛湾公变，在中压停电事件维护页面查询显示停电事件确认时间为 6 月 17 日 15:57，如图 4－32 所示；而停电用户确认时间为 6 月 16 日 18:33，如图 4－33 所示。

用户名称	起始时间	终止时间	集成停电起始时间	集成停电终止时间	新增/入库日期	确认时间/忽略申请	用户编码
眠牛湾公	2017-06-12 22:35	2017-06-13 00:36	2017-06-12 22:35	2017-06-13 00:36	2017-06-16 14:10	2017-06-17 15:57	18.3.增

图 4－32　停电事件确认时间

查询

用户编码	用户名称	开始时间	截止时间	确认时间
18.3.增	眠牛湾公	2017-06-12 22:35	2017-06-13 00:36	2017-06-16 18:33:13

图 4－33　停电用户确认时间

2. 问题分析

因为系统集成数据转换时出现时间差，停电事件的确认时间是以事件中最后集成的用户的时间为准，从而造成与个别用户确认时间不一致。

3. 问题处理

系统判断数据确认是否超时是按照用户确认时间来统计的，事件确认时间显示的是最后集成用户的确认时间，只要事件内的每个用户都能及时确认就没有问题。

十五、电能质量在线监测系统自动补录数据不准确

1. 问题描述

在供电停电事件维护过程中，会出现系统弹出的自动补录数据不准确的情况。

2. 问题分析

由于系统自动补录的数据都是较早之前的历史数据，停电时间上事件与用户不准确且差异较大，有的自动补录数据甚至为 2015 年的历史数据，然而系统自动将这些历史数据补录到当前停电时间内，实际数据均不准确。

3. 问题处理

电能质量在线监测系统维护人员每日在进行运行事件维护时，当系统

提示有自动补录数据时，对补录数据清单内的用户停电时间进行核实。若与事件不一致，则不进行勾选补录，如图 4－34 所示。然后，将实际缺少的停电用户通过人工补录方式进行操作。

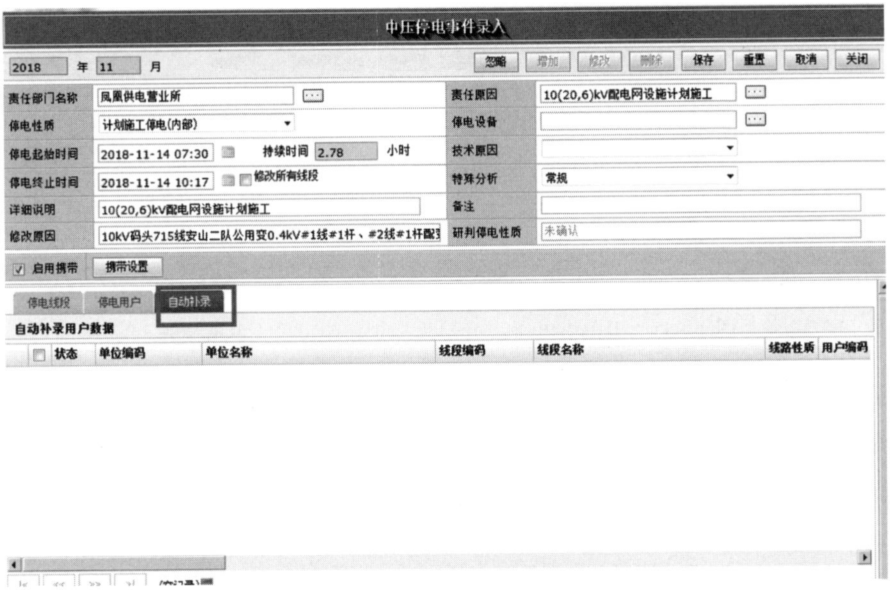

图 4－34　事件自动补录的停电用户

十六、原单位撤销，所有线路及用户变更所属单位后原单位下仍有停电事件生成

1. 问题描述

因行政区划调整或组织机构调整，原单位撤销，所有线路及用户已变更到新单位下，原单位下无线路及用户，但原单位下仍有停电事件生成，如图 4－35 所示。

2. 问题分析

原单位撤销，所有线路及用户变更到新单位下一般会采用批量变更的方式，而在批量变更操作时系统会因为变更数据量大等原因，执行时出现

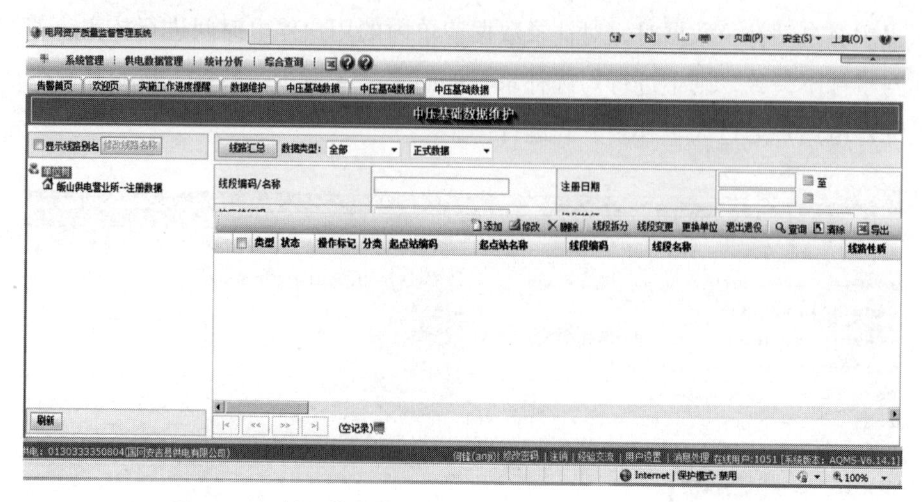

图4-35　皈山供电所（废）为撤销单位，已无基础台账

变更不完全或遗漏用户现象，导致被遗漏的用户停电事件仍集成到原单位。

3. 问题处理

（1）在电能质量在线监测系统运行数据维护中查看该停电事件中相关停电用户。

（2）在系统中查找确认台账所在位置，因为原单位下已无任何线路及线段，所以无法直接通过中压基础数据维护界面找到该用户。可通过中压基础数据查询功能查找原单位下面目前尚存的基础台账，可能会发现尚有多条台账数据，上述停电用户正是其中一条。

（3）在新单位账号下查找上述基础台账是否存在，可通过中压基础数据维护或查询功能查找。如果存在相同数据，说明台账重复了，需将原单位下台账退役操作；如果不存在相同数据，说明用户变更有遗漏，需进行用户变更或者原单位台账退役、新单位补录台账操作。

（4）原单位下台账处理相关操作。因为原单位下无线路及线段，无法直接按用户名或者用户编码查找用户，所以要先在原单位下添加一个空的线段，然后按正常方式查找到需要处理的用户台账，进行相应的变更处理，或者进行原单位台账退役、新单位台账补录操作。

第五章

其他问题篇

一、初始化密码后系统仍提示“账号被锁定”

1. 问题描述

已初始化密码，但再次登录系统仍一直提示“账号被锁定”。

2. 问题分析

已初始化密码的账号登录再次出现“账号被锁定”问题，一般是由于系统 IE 设置不当引起，需要进一步对系统设置进行检查。

3. 问题处理

清除历史记录后，重新登录，对 IE 进行设置。

（1）在“工具”菜单点击“Internet 选项”，如图 5－1 所示。

（2）在“安全”栏将安全级别调至最低，如图 5－2 所示。

（3）在“可信站点”将系统网址加入“可信任站点”，如图 5－3 所示。

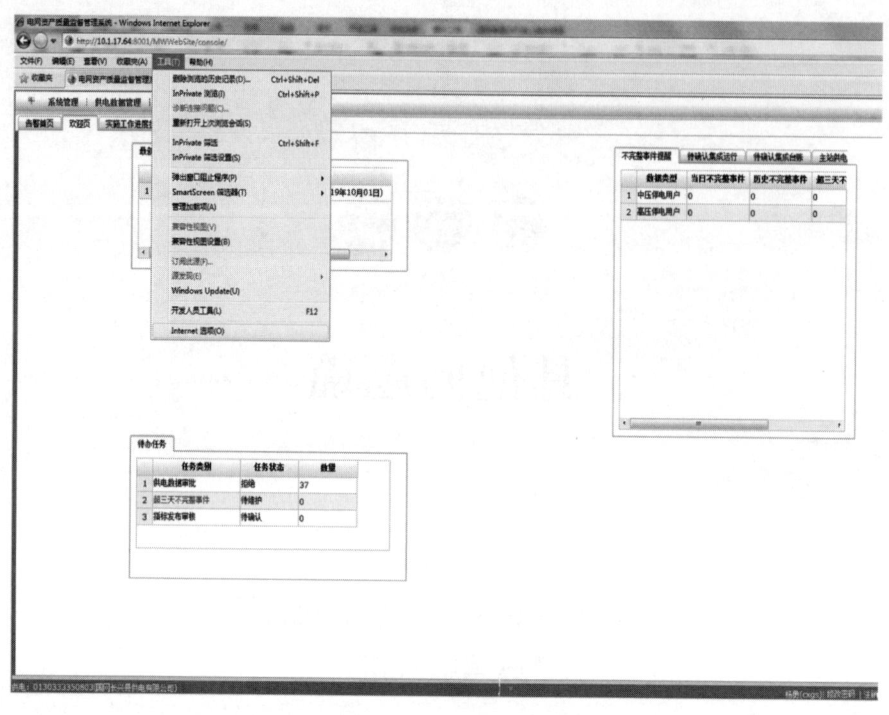

图 5－1　工具菜单

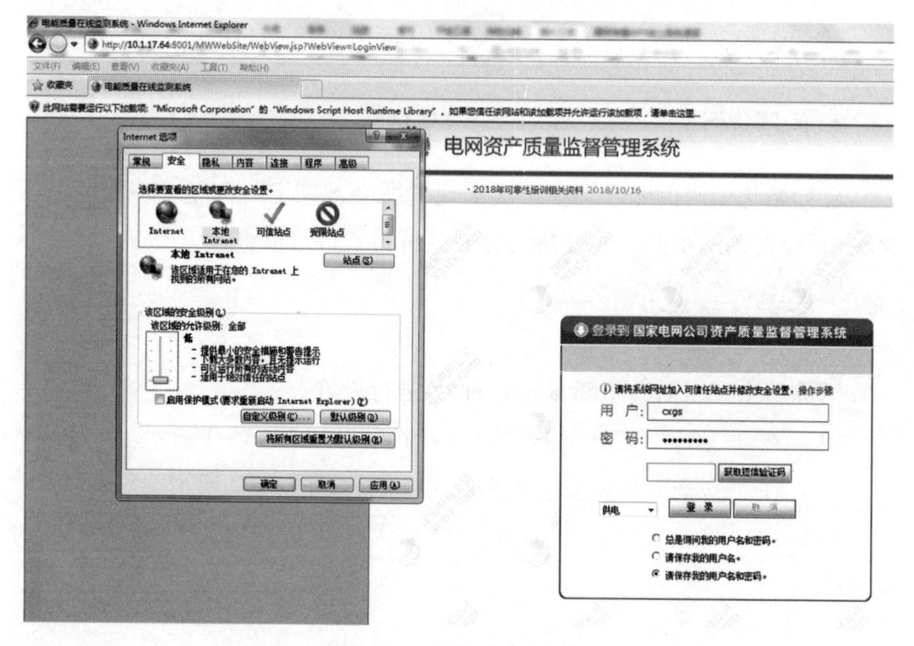

图 5－2　调整安全级别

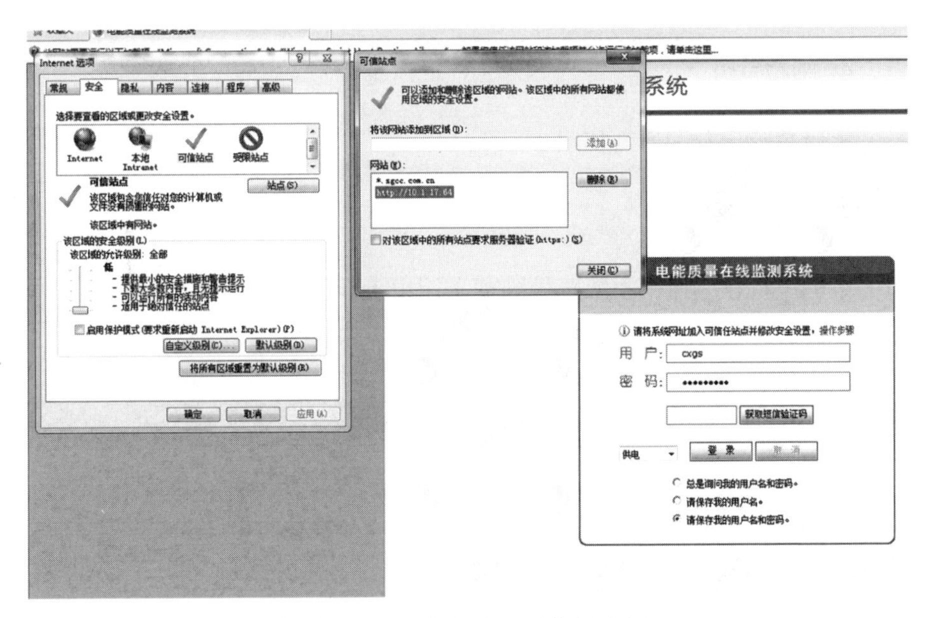

图 5－3　将网址加入“可信任站点”

二、运维单位账号无相关模块管理权限

1. 问题描述

运维单位账号登录后无相关模块管理权限，如图 5－4 所示，该账号缺少“代码管理”的权限。

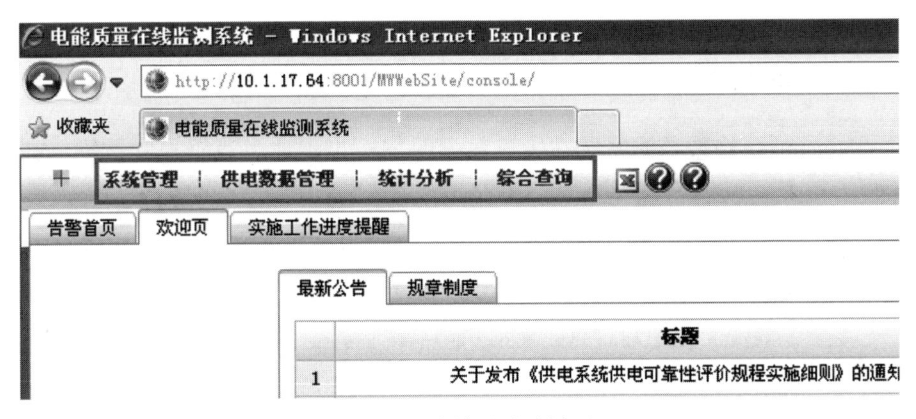

图 5－4　账号登录后界面

2. 问题分析

上级单位未分配所需权限。

3. 问题处理

电能质量在线监测系统账号维护采用由上至下逐级管理，下一级账号由上一级管理账号分配所需权限，权限分配后如图 5－5 所示。

图 5－5　权限分配后的界面

三、集成明细中出现逻辑异常数据

1. 问题描述

电能质量在线监测系统在集成数据明细中出现业务逻辑异常数据，如图 5－6 所示。

供电运行　供电台账

2018-01-01　2018-01-31

	数据类型	省公司原始数据量	省公司上传数据量	总部纵向接入数据量	处理成功数据量	待确认数据量	已确认数据量	忽略数据量	业务逻辑异常数据量
1	高压停电用户	0	0	0	0	0	0	0	0
2	中压停电用户	0	3611	3611	3544	5	3544	0	67

图 5－6　业务逻辑异常数据

2. 问题分析

由于停电时段、用户重复等原因造成已存在重复的中压用户停电异常数据。

3. 问题处理

双击“业务逻辑异常数据”下的数字，弹出异常数据明细，根据处理状态中的原因落实整改措施，如图 5－7 所示。一是需选择相应数据忽略处理，附截图说明；二是根据现实的原因去查各系统重复用户，避免再发生类似情况。

运行数据

2018-01-01 2018-01-31 中压停电用户 接入处理异常数据 全部 未忽略

		原单位名称	原电压等级	可靠性单位编码	可靠性单位名称	可靠性电压等级	处理状态	折算系数
1			AC00101	013033335080302	城北供电所	10	已存在重复的中压用户停电事件	
2			AC00101	013033335080302	城北供电所	10	已存在重复的中压用户停电事件	
3			AC00101	013033335080302	城北供电所	10	已存在重复的中压用户停电事件	
4			AC00101	013033335080302	城北供电所	10	已存在重复的中压用户停电事件	
5			AC00101	013033335080302	城北供电所	10	已存在重复的中压用户停电事件	
6			AC00101	013033335080302	城北供电所	10	已存在重复的中压用户停电事件	
7			AC00101	013033335080302	城北供电所	10	已存在重复的中压用户停电事件	
8			AC00101	013033335080302	城北供电所	10	已存在重复的中压用户停电事件	
9			AC00101	013033335080302	城北供电所	10	已存在重复的中压用户停电事件	
10			AC00101	013033335080302	城北供电所	10	已存在重复的中压用户停电事件	
11			AC00101	013033335080302	城北供电所	10	已存在重复的中压用户停电事件	
12			AC00101	013033335080302	城北供电所	10	已存在重复的中压用户停电事件	

图 5－7 异常数据明细

异常数据共分 14 类，如表 5－1 所示。

表 5-1 异常数据分类

序号	分类
1	用户台账不存在
2	用户台账已注销退役
3	停电时间不在用户在投时间范围
4	已存在重复的停电事件
5	集成数据对应可靠性用户为空
6	集成数据对应可靠性单位为空

续表

序 号	分 类
7	集成数据停电开始时间为空
8	集成数据停电时间段无效
9	可靠性单位编码无效
10	其他数据异常
11	对应的线段不存在
12	可靠性用户标识为空
13	同一批接入数据中同一用户存在重复
14	同一批接入数据中同一用户存在时间错误

四、使用第三方浏览器后，供电停电事件所汇总的时间不对

1. 问题描述

在使用搜狗等第三方浏览器登录电能质量在线监测系统的时候，供电停电事件汇总的时间显示与实际停电事件的时间对不上。

2. 问题分析

电能质量在线监测系统与第三方浏览器兼容性比较低。

3. 问题处理

建议使用 IE 浏览器（IE8 版本），不建议使用搜狗、遨游、360 安全等第三方浏览器。

五、Excel 无法正常导出/报表无法正常输出

1. 问题描述

在核对停电事件或者导出相关台账的时候，Excel 无法导出或者导出的 Excel 是乱码。

2. 问题分析

浏览器的设置存在问题。

3. 问题处理

现有系统是在 IE 浏览器上登录客户端使用，应确保 IE 浏览器设置正确：

（1）常规设置：打开 IE 浏览器，在任务栏“工具”中选择“Internet 选项”，在常规选项中单击“设置”按钮，将检查所存网页的较新版本设置为“每次访问网页时”，如图 5－8 所示。

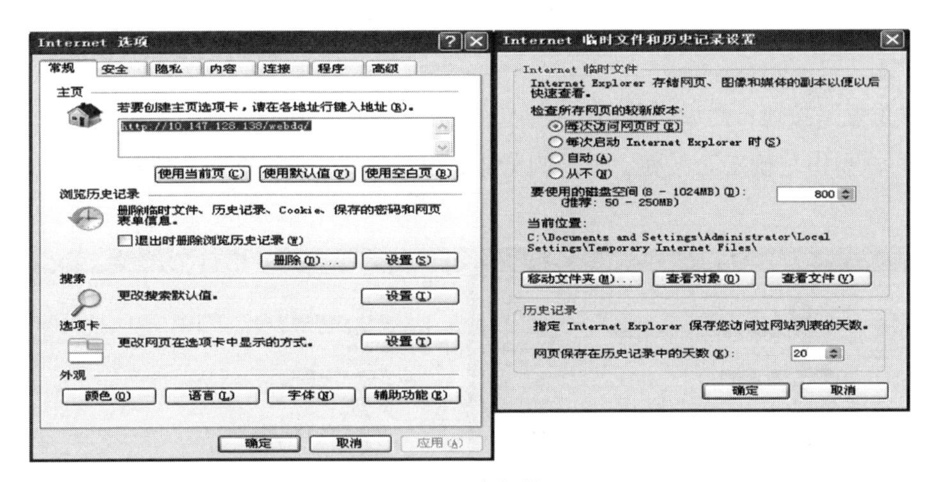

图 5－8　常规设置

（2）可信站点设置：在“Internet 选项”对话框的“安全”分页中，先单击一下“可信站点”图标，再单击“站点”按钮以打开“可信站点”对话框，在“将该网站添加到区域中”编辑框中输入质量监督管理应用系统网站的网址，输入完成后单击“添加”按钮［注意：不要勾选“可信站点”对话框下部“对该区域中的所有站点要求服务器验证（https:）”的勾选框］。添加成功后单击“确定”按钮，返回“Internet 选项”对话框，如图5－9 所示。

（3）自定义安全设置：在“Internet 选项”对话框的“安全”分页中，先单击“自定义级别”图标，找到“跨域浏览窗口和框架”与“通过域访问数据源”单击启用，并且将安全级别设置为“安全级－低”，单击

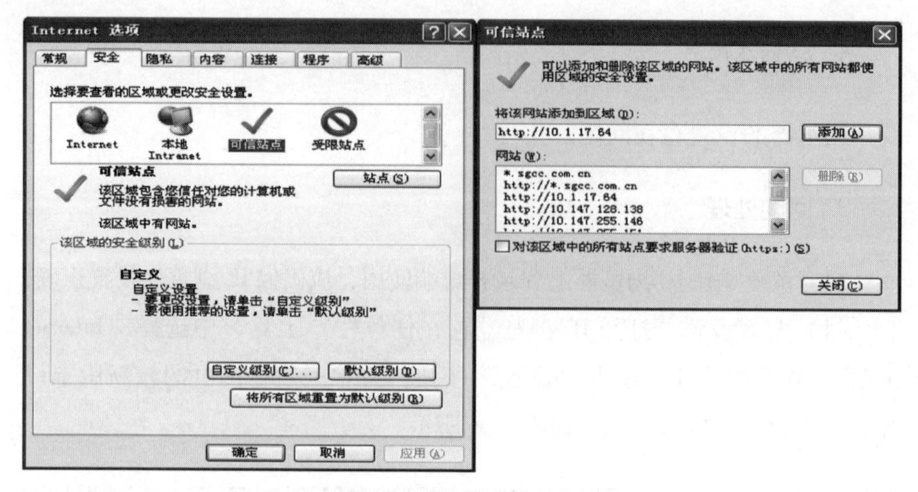

图5-9　可信站点设置

“重置”按钮；然后，单击“确定”按钮，返回“Internet 选项”对话框；再次单击“确定”按钮，返回浏览器，设置完成，如图5-10所示。

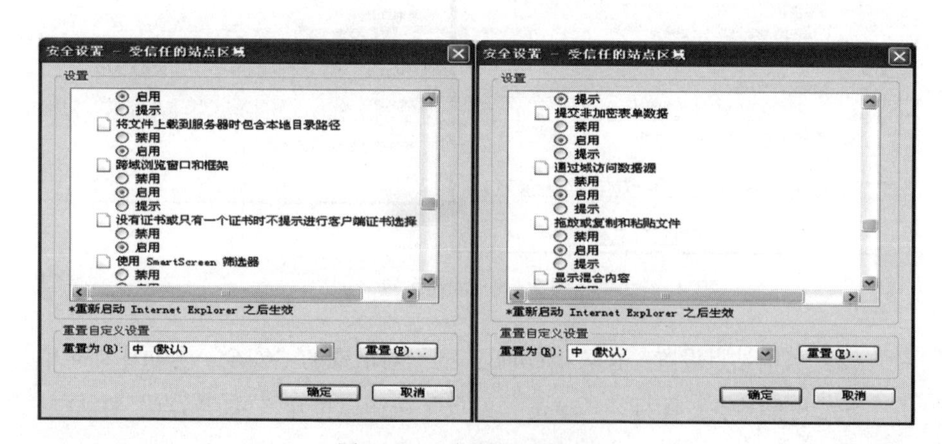

图5-10　自定义安全设置

六、如何处理冗余单位代码

1. 问题描述

由于基层单位调整等原因，部分单位撤销或合并后，原单位代码需要处理，如图5-11所示。

代码管理 | 数据展示 | 统计分析 | 综合查询 | 告警监测

单位代码

单位代码管理

单位代码 单位名称 级别 请选择

	撤销	单位代码	单位名称	单位简称	级别	所属系统	管理属性
1		0130333350803	国网长兴县供电有限公司	长兴	5	供电	县公司
2		013033335080301	雉城供电所	雉城	6	供电	县公司
3		013033335080302	城北供电所	城北	6	供电	县公司
4		013033335080303	和平供电所	和平	6	供电	县公司
5		013033335080304	泗安供电所	泗安	6	供电	县公司
6		013033335080305	煤山供电所	煤山	6	供电	县公司
7		013033335080306	虹溪供电所	虹溪	6	供电	县公司
8		013033335080307	林城供电所	林城	6	供电	县公司
9		013033335080308	城东供电所08	城东	6	供电	县公司

图 5－11　单位代码页

2. 问题分析

因涉及历史数据，为了不造成指标错误，一般都保留原单位代码。

3. 问题处理

撤销或合并的单位根据实际情况将下属的线段变更至新单位。对空单位在单位代码功能菜单下进行标记，如图 5－12 所示。

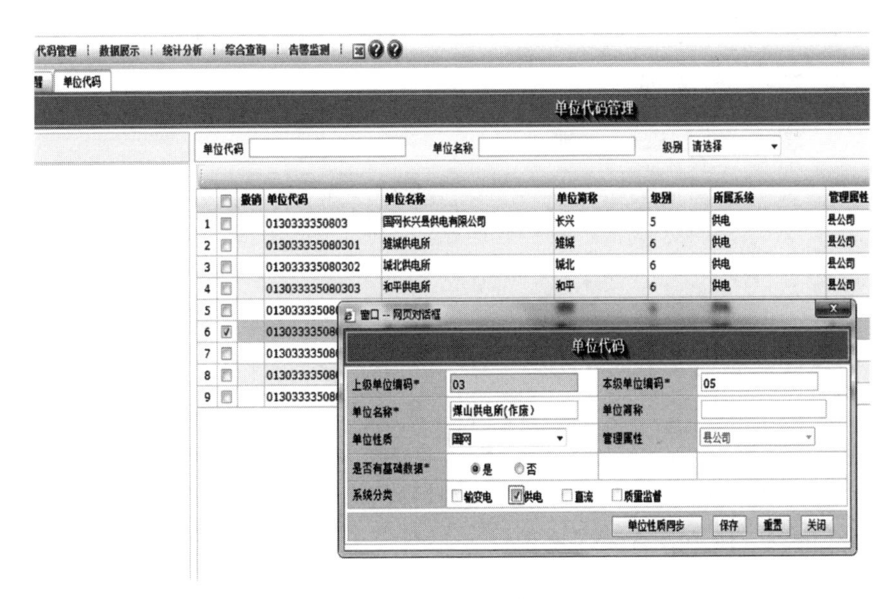

图 5－12　标记单位名称

七、无法获取最新国网电能系统文件

1. 问题描述

电能质量在线监测系统最新系统文件获取途径不清楚。

2. 问题分析

新接触电能质量在线监测系统的维护人员对系统文件获取方式不了解。

3. 问题处理

（1）进入电能质量在线监测系统欢迎页，在最新公告栏找到需下载的文件，双击文件名，如图 5－13 所示。

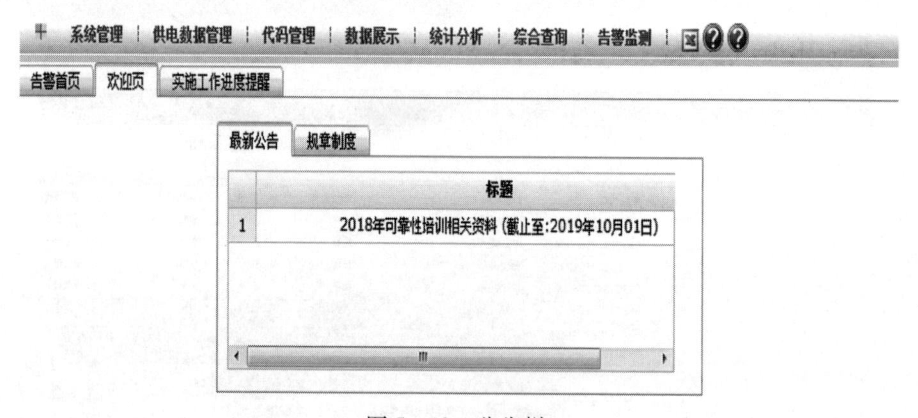

图 5－13　公告栏

（2）在弹出的信息查看界面找到该附件，点击附件，再点击右侧按钮，如图 5－14 和图 5－15 所示。

图 5－14 信息查看页

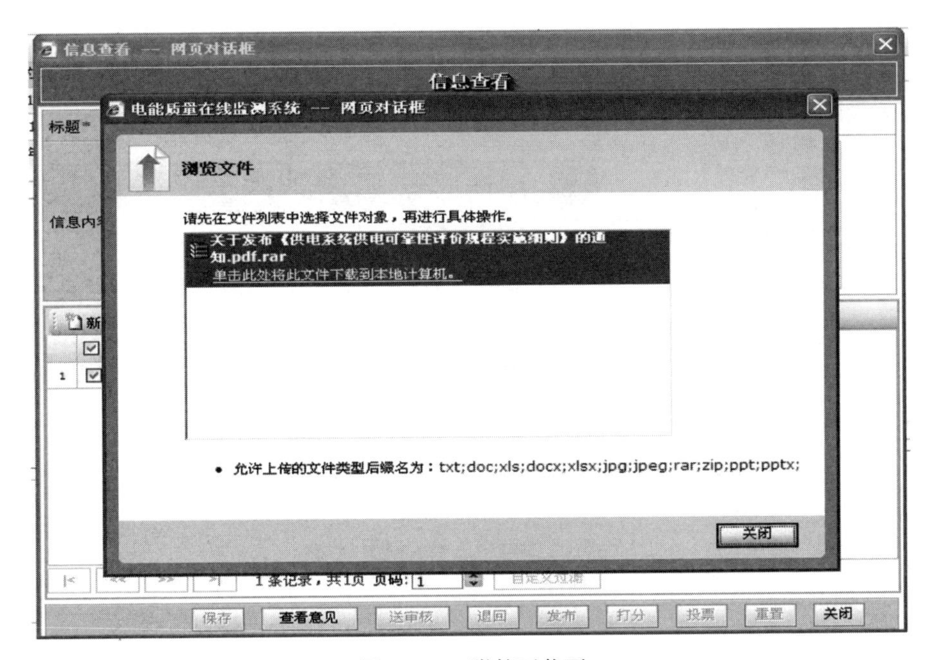

图 5－15 附件下载页

八、中压指标查询计算缓慢，有时无法显示

1. 问题描述

电能质量在线监测系统的中压指标查询执行计算缓慢，有时无法显示。

2. 问题分析

电能质量在线监测系统中有大量待处理任务，由于任务数据庞大并有优先级，导致指标查询无法正常进行计算。

3. 问题处理

电能质量在线监测系统中已上线新的查询模块，新的查询模块优化了计算性能，比原模块计算速度更快，如图 5－16 所示。

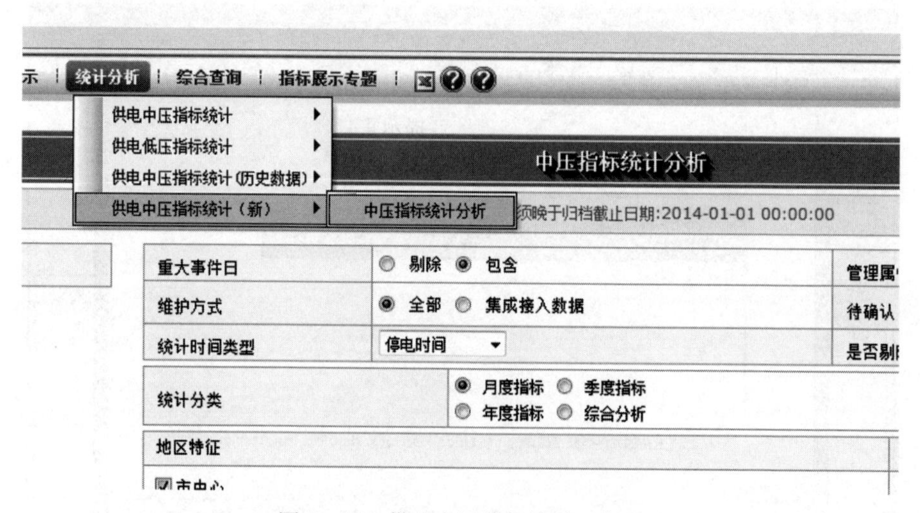

图 5－16　供电中压指标统计（新）

九、统计指标时出现重复任务

1. 问题描述

在电能质量在线监测系统进行供电停电事件运维过程中，统计指标时提示“重复任务”，如图 5－17 所示。

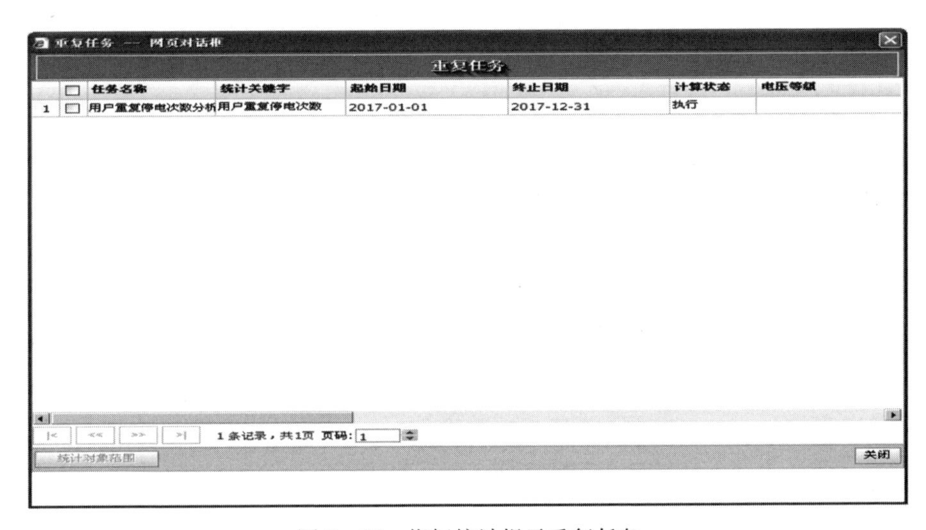

图 5－17　指标统计提示重复任务

2. 问题分析

该问题主要是由于服务器正在处理任务中未完成计算，而用户再次以相同的任务名称进行指标计算，出现了重复任务。

3. 问题处理

出现该问题时，应等待系统处理完任务，或减少在高峰时间段使用，等统计任务完成后再进行名称相同任务的提交。

十、供电停电中压运行查询导出时出现数据导出出错

1. 问题描述

在进行供电停电事件运维过程中，查询供电停电中压运行数据时，如果数据超过3000条则会出现数据无法导出，如图5－18所示。

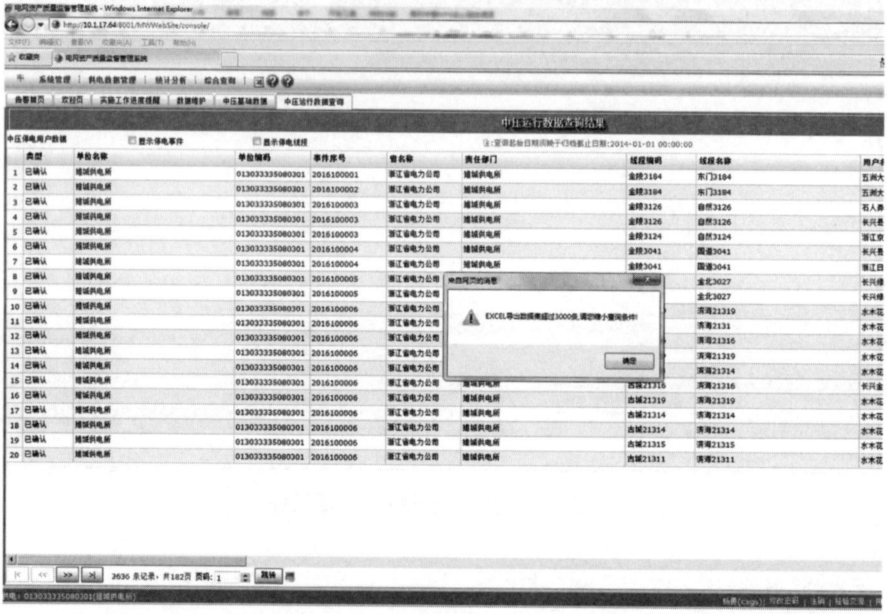

电网资产质量监督管理系统 - Windows Internet Explorer

http://10.1.17.64:8001/MWWebSite/console/

系统管理 | 供电数据管理 | 统计分析 | 综合查询

告警首页 | 欢迎页 | 实施工作进度提醒 | 数据维护 | 中压基础数据 | 中压运行数据查询

中压运行数据查询结果

中压停电用户数据　显示停电事件　显示停电线段　注：查询起始日期须晚于归档截止日期：2014-01-01 00:00:00

	类型	单位名称	单位编码	事件序号	省名称	责任部门	线段编码	线段名称	用户…
1	已确认	靖城供电所	013033335080301	2016100001	浙江省电力公司	靖城供电所	金陵3184	东门3184	五洲大
2	已确认	靖城供电所	013033335080301	2016100002	浙江省电力公司	靖城供电所	金陵3184	东门3184	五洲大
3	已确认	靖城供电所	013033335080301	2016100003	浙江省电力公司	靖城供电所	金陵3126	自然3126	石人弄
4	已确认	靖城供电所	013033335080301	2016100003	浙江省电力公司	靖城供电所	金陵3126	自然3126	长兴县
5	已确认	靖城供电所	013033335080301	2016100003	浙江省电力公司	靖城供电所	金陵3124	自然3124	浙江京
6	已确认	靖城供电所	013033335080301	2016100004	浙江省电力公司	靖城供电所	金陵3041	国道3041	长兴县
7	已确认	靖城供电所	013033335080301	2016100004	浙江省电力公司	靖城供电所	金陵3041	国道3041	浙江日
8	已确认	靖城供电所	013033335080301	2016100005	浙江省电力公司			金北3027	长兴绿
9	已确认	靖城供电所	013033335080301	2016100005	浙江省电力公司			金北3027	长兴绿
10	已确认	靖城供电所	013033335080301	2016100006	浙江省电力公司			滨海21319	水木花
11	已确认	靖城供电所	013033335080301	2016100006	浙江省电力公司			滨海2131	水木花
12	已确认	靖城供电所	013033335080301	2016100006	浙江省电力公司			滨海21316	水木花
13	已确认	靖城供电所	013033335080301	2016100006	浙江省电力公司			滨海21319	水木花
14	已确认	靖城供电所	013033335080301	2016100006	浙江省电力公司			滨海21314	水木花
15	已确认	靖城供电所	013033335080301	2016100006	浙江省电力公司	靖城供电所	古城21316	滨海21316	长兴金
16	已确认	靖城供电所	013033335080301	2016100006	浙江省电力公司	靖城供电所	古城21319	滨海21319	水木花
17	已确认	靖城供电所	013033335080301	2016100006	浙江省电力公司	靖城供电所	古城21314	滨海21314	水木花
18	已确认	靖城供电所	013033335080301	2016100006	浙江省电力公司	靖城供电所	古城21314	滨海21314	水木花
19	已确认	靖城供电所	013033335080301	2016100006	浙江省电力公司	靖城供电所	古城21315	滨海21315	水木花
20	已确认	靖城供电所	013033335080301	2016100006	浙江省电力公司	靖城供电所	古城21311	滨海21311	水木花

来自网页的消息

EXCEL导出数据量超过3000条,请您缩小查询条件!

确定

3636 条记录，共182页　页码：1　跳转

图5－18　3636条记录无法导出

2. 问题分析

该问题主要是由于导出数据量过大，网页或者服务器响应出错，导致导出数据时出现异常。

3. 问题处理

出现该问题时，须在条件选择中缩小查询数据范围，以减少查询的数据量，如缩短查询时间范围或分批次分单位查询。选择范围减少几个单位

之后，数据量为 1739 条记录，就可以正常导出了，如图 5－19 所示。

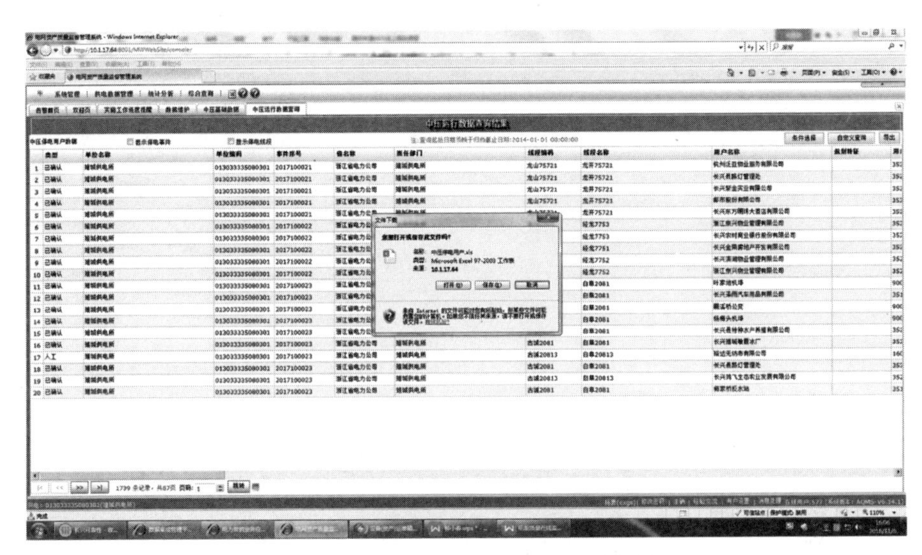

图 5－19 减少数据量后可以正常导出